3

建筑设计入门 123 之 3

设计学习过程

贾 东 著

中国建筑工业出版社

图书在版编目（CIP）数据

设计学习过程／贾东著．—北京：中国建筑工业出版社，2013.7
（建筑设计入门123之3）
ISBN 978-7-112-15549-1

Ⅰ．①设…　Ⅱ．①贾…　Ⅲ．①建筑设计　Ⅳ．① TU2

中国版本图书馆CIP数据核字（2013）第137621号

责任编辑：唐　旭　吴　绫
责任校对：党　蕾　刘　钰

建筑设计入门123之3
设计学习过程
贾　东　著
*
中国建筑工业出版社出版、发行（北京西郊百万庄）
各地新华书店、建筑书店经销
北京嘉泰利德公司制版
北京云浩印刷有限责任公司印刷
*
开本：787×1092毫米　1/20　印张：10　字数：193千字
2013年7月第一版　　2013年7月第一次印刷
定价：35.00元
ISBN 978-7-112-15549-1
　　　（24131）

前言　学习过程的设计

这本书主要是从建筑设计学习的"过程"和"发现"两方面阐述的。

在这本书中主要讲述两个关键词，第一个词是"过程"，强调了建筑设计学习"过程"的规律性和"过程"的组织；第二个关键词是"发现"，既要强调教过程规律，又要鼓励过程个性，而个性与"发现"是分不开的，个性首先是。

"过程发现"是发现问题、分析问题、阐述问题、解决问题，对于建筑设计学习来说是非常重要的。没有"过程"就达不到基础的形成，没有"发现"就不可能形成个性。个性不是为了设计者个人，而是为了建筑的个性，而建筑的个性是与具体的时间、地点、环境密不可分的，是为了更好地为人服务，是"这一个"。

本书对设计学习过程规律性的理解，主要有三个方面。

第一个方面，每一个建筑设计，不管是学生作业，还是实际工程，都可以分阶段，而且这个阶段好像文章结构一样，前面有一个起因，中间有一部分铺垫，再到高潮，最后有一个结尾。

以别墅设计为例，前面有调研、有构思，用模型或者是徒手表达的方式来推进设计，抓住"环境中的个性生活场景"这个主题，反复推敲修改，最后形成一个成果。对于低年级的设计学习，这几个阶段总体顺序大致如此。

第二个方面，建筑设计的各个阶段的相对比重是可以变化的，有一些环节衔接甚至是错位的。实际设计中，方案做好了，只是前期的工作，后续还要有施工图、工地处理等，要耗费大量的时间和精力来保证自己构思的完成度。其实，这还只是单纯的设计本身，而就项目实践来讲，以上过程又变成一个相对小的阶段，因为前面还有整个项目的策划，后面还有整个项目的运行，中间执行过程中又要与外界发生联系。

以城市高层旅馆设计为例，其要点是一个城市设计前提下的系统功能的空间有序组织，并有停车结构设备等相关小专题，而在设计开始，可以直接抓到标准间怎么做，甚至是标准间卫生间墙身构造怎么做，并由此拓展出去。标准间的卫生间设计，可以是从调研学习中直接得来的，也许是受到启发而想象的，但是可以牢牢抓住一个想法，自始自终，拓展到高层的结构体系乃至地下的停车柱网，并把它完整表达乃至实现。

这种拓展、跳跃、错位性实际上是建筑设计规律性的另一方面，是带有普遍性的，特别是对于高年级的设计学习和刚走上工作岗位的设计实践，理解这一点很有意义。

第三个方面，在建筑设计整个过程，必须有建筑设计者个人主观的、能动地去参与、去控制才能推进，这也是建筑设计的一个普遍性和规律性，也是它的一个特殊性。这种主观的、包括个性化的参与、能动，形成了丰富多彩的不同建筑设计的个性过程。而这种个性过程落实在专业表达乃至实现上，才会产生个性的"这一个"建筑。

个性的"这一个"建筑，并不在于外表的喧闹与另类，而是一种方方面面纷纭交错过程中的专业坚持与妥协。刚走上设计实践工作岗位，既要虚心向社会学习，更要有专业的坚持。

对于这三个方面的理解，既是对设计学习过程的认识，也是对设计学习过程的设计。

认识成果是有普遍意义的，而认识过程必然是个性的。

本书素材重于笔者个人学习与实践，以便更真切阐述，也必有局限。而学习，也在于同与通的理解。再次强调设计学习过程的专业根本，对专业诚敬，平和而坚持。

素材综合了笔者三个阶段的学习实录，在清华大学从本科生到研究生的八年学生学习，在设计单位从绘图到建筑师的十年职业学习，在北方工业大学执教与老师及学生的十余年共同学习。

几近三十载，个人之管窥，其陋自知。

学习，有始无终。

贾 东

2012 年（农历壬辰龙年）4 月 19 日于山东

目　录

第一部分　设计学习过程的三个方面

1 建筑设计学习的主要内容 ……………………………………………… 002

  1.1　大小——人的几何尺度 …………………………………… 002

  1.2　形状——人的不同活动 …………………………………… 004

  1.3　组织——个体与社会 ……………………………………… 005

  1.4　欣赏与修养 ………………………………………………… 006

  1.5　动手与动脑 ………………………………………………… 010

  1.6　观察与表达 ………………………………………………… 012

  1.7　形态与空间 ………………………………………………… 014

  1.8　材料革命 …………………………………………………… 016

  1.9　同源、同理、同步的三个一级学科 …………………… 018

2 建筑设计学习是一个过程 ……………………………………………… 020

  2.1　空间由简单到复杂 ………………………………………… 020

  2.2　界面由线到体 ……………………………………………… 024

  2.3　视野由建筑到城市 ………………………………………… 028

  2.4　学习主线的逻辑性 ………………………………………… 030

  2.5　学习内容的综合性 ………………………………………… 034

  2.6　学习平台的外延性 ………………………………………… 036

  2.7　三个工作面 ………………………………………………… 038

2.8　过程不是简单的流程……………………………………038

2.9　集体氛围的营造…………………………………………039

3　设计建筑设计学习过程 …………………………………040

3.1　学习过程的规律性 ………………………………………040

3.2　寻找问题…………………………………………………042

3.3　抓住问题…………………………………………………043

3.4　梳理问题…………………………………………………046

3.5　坚持火花　落实形态……………………………………048

3.6　环境意识贯穿设计………………………………………050

3.7　语言与文字………………………………………………052

3.8　大空间　大作业…………………………………………054

3.9　综合思考归结于形态……………………………………056

第二部分　过程中的发现

4　过程分析与个性自觉 ……………………………………060

4.1　向后看的再发现 …………………………………………060

4.2　过程与构成………………………………………………062

4.3　过程与控制………………………………………………064

4.4　基本的手绘与手工 ………………………………………066

4.5　逻辑与图层………………………………………………072

4.6　以自我为中心的发散性设计学习………………………074

4.7　自我学习过程的预见……………………………………078

4.8　时空框架——史与序 …………………………………………… 080

4.9　自我觉醒：对过程的个性突破 ………………………………… 080

5　把过程问题转化为设计问题 ………………………………… 082

5.1　基本的理论体系学习 …………………………………………… 082

5.2　第一手资料与第二手资料 ……………………………………… 082

5.3　尝试建构问题 …………………………………………………… 086

5.4　剩余空间构筑 …………………………………………………… 088

5.5　工业构筑遗存再利用 …………………………………………… 090

5.6　发展过程与负形态景观体系 …………………………………… 092

5.7　准确描述问题 …………………………………………………… 094

5.8　问题要素转化 …………………………………………………… 096

5.9　落实为设计探索 ………………………………………………… 098

6　设计实践过程中的发现 ……………………………………… 100

6.1　从整体到细部 …………………………………………………… 100

6.2　计算与统计 ……………………………………………………… 102

6.3　首先是住宅 ……………………………………………………… 106

6.4　电脑是工具 ……………………………………………………… 108

6.5　手工的方式 ……………………………………………………… 111

6.6　图签与签名 ……………………………………………………… 114

6.7　错位的风格 ……………………………………………………… 116

6.8　追求大与高 ……………………………………………………… 118

6.9　演变与改变 ……………………………………………………… 120

第三部分　设计实践与再发现

7　生手与规则 ………………………………………………………… 124

7.1　另一种临摹 ………………………………………………… 124

7.2　体会小房子的意义 ………………………………………… 126

7.3　方案　方案　方案 ………………………………………… 128

7.4　建成的意义 ………………………………………………… 132

7.5　蹉跎与突破 ………………………………………………… 134

7.6　再学解答 …………………………………………………… 136

7.7　窘困与尴尬 ………………………………………………… 138

7.8　功能问题与形式问题 ……………………………………… 140

7.9　清晰与心往 ………………………………………………… 142

8　实践与思考 ……………………………………………………… 144

8.1　住的思考 …………………………………………………… 144

8.2　清楚明了 …………………………………………………… 148

8.3　还是小的 …………………………………………………… 150

8.4　功能与交通 ………………………………………………… 152

8.5　容器与表皮 ………………………………………………… 156

8.6　错位与回应 ………………………………………………… 158

8.7　建筑小镇 …………………………………………………… 160

8.8　城市节点 …………………………………………………… 162

8.9　景观体系 …………………………………………………… 164

9 坚持与改变 ··· 168

9.1 讲述清晰 ··· 168

9.2 落实材料 ··· 170

9.3 整体营造 ··· 172

9.4 同源——为人服务 ····································· 174

9.5 同理——环境和谐 ····································· 176

9.6 同步——系统协作 ····································· 178

9.7 敬业 职业 专业 ····································· 180

9.8 无边界的学习过程 ····································· 182

9.9 发散与思辨 ··· 186

后记 学习过程之发现 ······································ 189

第一部分　设计学习过程的三个方面

DORIC
ORDER

建筑初步作业五 铅笔线条练习　图三一 墨东

1　建筑设计学习的主要内容

　　建筑的学习、建筑设计的学习有不同的内涵，其内容都很丰富，而建筑设计学习的主要内容是一个比较清晰而又具有开放性的体系。

1.1　大小——人的几何尺度

　　万物皆有大小，大小源于相对。

　　人之进化，并得以繁衍至今，且继续发展，其基本几何尺度是一个重要内容。

　　一句话，人的几何尺度是最基本的，是基本普适的，是人的心理尺度的基础。

　　从婴儿摇篮到成人卧榻，从一把椅子到一张桌子，从一个马桶到一个浴缸，从家具到洁具，都是以人的几何尺度为依据而造的。双人床旁放置婴儿床，八把椅子围绕一张方桌，一百单八座席共聚一堂，一万八千个观众席环绕篮球场，从一席之地到巨大空间，都从人的几何尺度如何安排肇始。卧室、餐厅、卫生间、起居室组成一套房子，许多套房子组成一栋楼，许多栋楼组成一个小区，还有许多其他的建筑构筑设施绿化，这许多又组成了一座城市，而所有这一切，都有一个最基本的大小尺度标准——那还是人的几何尺度。

　　建筑最基本的功能是为人服务的，人的几何尺度，是最基本的，是基本普适的，是建筑设计学习之肇始，也是建筑设计学习之核心之一。

　　图 01-01　安徽宏村民居之门（右图）

　　中国传统建筑的特点是大大小小的院落，门是由此及彼的通道，也是院落内与外的关隘。它承担了许多其他的责任，门第、门阀、门面、门市、门头，义丰富，不多赘述。

　　一句话，门，这一最基本的建筑组件，生动说明了建筑的几何尺度的丰富内涵。

图 01-01

1.2　形状——人的不同活动

人的存在不是静止的，而是以各种方式运动着，如果说建筑是容器，那则是容纳不同活动的容器。而作为生活群体的活动容器，其尺度超越了静止的个体尺寸；而不同人的同一类活动的不同方式，在形式方面提出了超越个体活动方式的要求；最重要的是，人是有精神需求的。

一句话，空间的余地，空间的弹性，空间的适当夸张性，是必然的。

当空间的精神意义彰显时，某些需求变得突出，而并以非单纯基本功能的空间界面实现。

图 01-02　巴黎戴高乐机场

即使是机场这类功能性极强的建筑，也有心理与精神的需求，并落实在空间形状与界面组织两者之综合上。

图 01-02

1.3　组织——个体与社会

　　人的尺度、人的不同活动、人的精神需求，加之人的社会性，使得建筑行为与成就都远远摆脱了纯个体基本存在条件的范畴，呈现出丰富多彩的多样性与发展变化，这也是建筑设计学习愈加深入、我们愈加感到需要学习的根本原因。

图 01-03　俯瞰上海黄浦江

　　城市或许是人类社会性的几种物质聚合。

　　城市的意义，远远超出了村落与乡镇的范畴，反过来重新定义了人的社会性。在城市的发展与城乡一体化的过程中，建筑、规划、园林都呈现出前所未有的发展与变化。

图 01-03

1.4 欣赏与修养

学习建筑设计的过程，其实也是个人修养提高的过程。建筑设计不等同于其他门类的设计，建筑设计也不等同于建筑史的学习或建筑批判、建筑评论。

一句话，涉猎要广泛，古今中外；眼界要开阔，目极八方；心胸要开阔，负笈天下。

首先要学习欣赏自己民族传统的东西，同时心胸要开阔，欣赏更多的东西。这种欣赏除了建筑本身之外，还有酝酿这些建筑美的环境基础，如苏州园林，之所以那么美，这跟我们的历史、我们的文化、当时典型的文人造园、富饶的江南经济都是有密切关系的。

图 01-04 北京故宫博物院

泱泱大国之宏博，青山秀水之滋润，皆在建筑、规划、园林经典中系统地渗透并延续着。

图 01-04

图 01-05 苏州拙政园荷花（右图）

图 01-05

建筑设计的学习又需要一个很广泛的知识平台，这些又跟建筑历史、建筑批判、建筑评论、建筑欣赏和其他门类的艺术欣赏密切地结合在一起，因而很难给出一个很具体的学习门类的清单。总的来讲有两大方面：一方面是整个的中、西方的建筑文化体系，第二方面是每一个具体的做法。

图 01-06　巴黎圣母院

对于中、西建筑的共性和差异要有一定的认识。学习中、西建筑之经典，其具体的做法，其营造体系，其渊源背景，对于理解建筑设计非常有益。

图 01-06

图 01-07　伦敦剑桥小镇（右图）

图 01-07

1.5　动手与动脑

欣赏是用眼睛，而学习是要用手，这些都要和大脑结合在一起，都要用心在才能有收获。

手、眼、脑的协同在本套书的《徒手线条表达》和《设计工作模型》里都多次讲过，其根本目的是要提高我们的创造能力。手是人的心灵的一种延伸，在学习建筑设计过程中不断地动手，会把很多东西慢慢地"刻录"到我们的大脑中。

一句话，欣赏以目，学习用手，都有心在，才有收获。

手、眼、脑的协同，有时候直接发挥作用，有时候只是一种储存，等到自己的年龄不断增长、经历不断累积、修养不断提高之后，回过头来，这些储存可能就会再次显现出它的意义来。

图 01-08　JD1983 秋多立克柱式（右图）

这张图是笔者当时在大学一年级刚入学时用铅笔做的一个训练。上图主要部分是立面图，右侧是剖面图，立面图和剖面图有机地结合在一起。下图是一个底视图，即从下往上看的图。

当时画的过程中理解了平面、剖面和底视之间的相互关系，理解了柱式的长度中间用了一个剖切的连接，也理解了柱式的基本构成形状。

但是更多的东西是后来逐渐理解的，柱式构成的更多内容与由来是在后来逐渐学习中理解的。檐口为什么要有一定的出挑？这与建筑的发展历程有关系，檐口出挑深远是为了保护墙体和基础，并逐渐把檐口美化。檐口与柱头交接处为什么有凸出？这是人们出于审美的需要经过多次推敲形成的。上面的徽章，是一个头盔，头盔上还有花环和枝叶，有什么含义？对于这些东西，都是慢慢地在后来的不断学习过程中综合理解的。

一句话，在理解的情况下学习，这是指总体而言，有时候理解和动手是有一定的错位的，而正因为这种错位才能达到整体的推进和协调。

图 01-08

1.6　观察与表达

观察与表达的方式很多，除了徒手线条与设计工作模型可以作为主担当外，素描与平、立、剖的训练也很重要，特别是平、立、剖的训练，必不可少。

图 01-09　JD1983 秋素描

以素描的方式观察和记录一些最基本的形体，是一种经典而有效的训练。

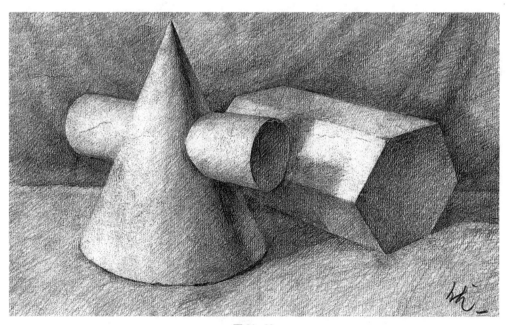

图 01-09

图 01-10　JD1983 秋清华大学门卫室（右图）

学习别人的已经做成的二维图，基本理解平、立、剖之间的相互关系。

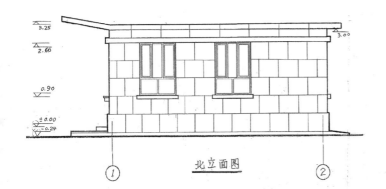

北立面图

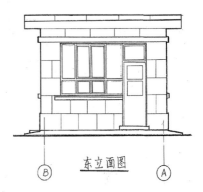

东立面图

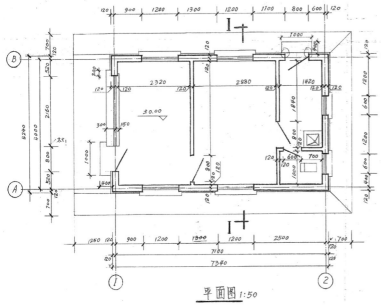

平面图 1:50

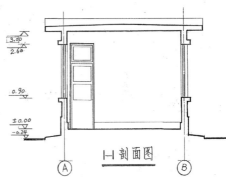

I-I 剖面图

图 01-10

1.7　形态与空间

从形态、空间、尺度、材料中发现一个切入点，开始建筑设计的学习。

空间的问题，首先是人的尺寸，人的活动的尺度，或者反过来讲依托人的活动的尺度来聚合成一个合理的空间形态，这就是功能空间的形成过程。而这个过程并没有形成实的东西，实的东西是空间界面，要落实界面形态、轮廓、材料及其组织，这就包含墙、梁、板、柱的设计，而墙、梁、板、柱的设计并非界面组织的全部。空间界面不是一条线，而是若干实体形态的组合，这也是开始建筑设计的比较容易入手之处。这个开始可能是一个小空间的或者一组小空间之界面的形体组织，可以是很小的建筑，如茶室、小展厅，或者小吧等。

一句话，空间形态的基本依托是尺度，空间界面的基本依托是材料。

实际上，从材料的学习入手，也是建筑设计开始的有效途径，值得认真思考。

图 01-11　JD1984 秋季文化站局部 01

图 01-11

图 01-12　JD1984 秋季文化站局部 02（右图）

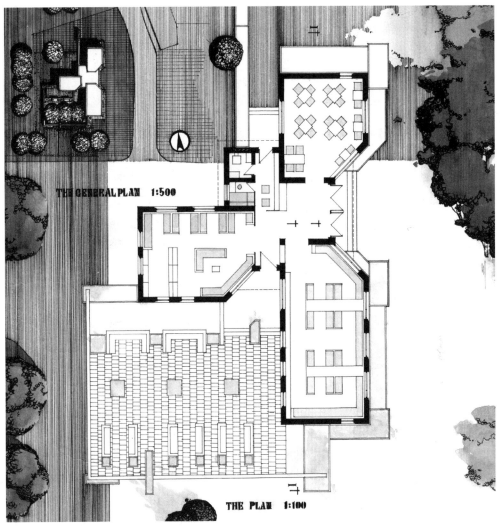

THE GENERAL PLAN　1:500

THE PLAN　1:100

图 01-12

1.8　材料革命

建筑细部、整体形态、神韵气质都有一个根本的落脚点，就是材料。

一句话，材料不等于建筑，但建筑学的革命依赖于材料革命、材料认知、材料应用。

图 01-13　巴黎圣母院

哥特式建筑是对石材这种材料的一种结构与美的巅峰式呈现，这使哥特式的建筑在建筑史上具有了无可替代的重要地位。

图 01-13

图 01-14　洛杉矶水晶大教堂（右图）

作为工业革命的成就体现，钢和玻璃的精致组织也产生了真正巅峰式的建筑作品。

一句话，工业文明的欠缺，使我们在建筑发展历程上并没有经历现代主义。

图 01-14

1.9 同源、同理、同步的三个一级学科

今天建筑学类学科已经成为三个独立的学科：建筑学、城乡规划学、风景园林学。这三个学科的划分依赖于自工业革命之后逐步建立的学科体系，同源、同理、同步。

其一，直接改善人类的居住环境。在《中西建筑十五讲》里面我们提到第一环境、第二环境和第三环境的概念，其实这三个学科在某种程度上都属于从根本的第一环境——自然环境出发，依托于第二环境，为人类的生活、生存提供基本的第三环境的方式。规划和景观的层面涉及第二环境的更多，而其内容也不等同于第二环境。

其二，这三个学科之间密切融贯，而对其他学科有很强的相互依赖，其根本性的关键技术都依赖于其他学科的发展，如材料学科，这又给其他学科的发展提供了广阔的以空间形态营造为主要特征的实践平台。这三个学科关注更多的实际上是空间营造的全面过程与综合效益，组合运用其他学科所研究的材料、结构、环境、人口、文化、心理等诸多成果。

其三，这三个学科具体成果展现的方式都是一整套形态体系。其成果以人的活动与思想为空间依据，以材料和工具为物质依托，以劳动组织为实施手段，综合营造始终贯彻其中。

一句话，建筑学、城乡规划学、风景园林学是同源、同理、同步的三个一级学科。

古今中外，有很多建筑、规划、景观三位一体的很成功的综合营造实例。

图 01-15 安徽宏村聚落之水、土、木（右图）

徽州民居的典范之一宏村其实就是在古代以人的生活为中心，且有道德、文化的内涵在其中。同时，它又综合运用了当时适宜的技术，以水、土、木三种基本的建筑材料为依托，有测、量、拓、挪、斫、雕、火、聚、合、漆、涂等诸多技术手段，是综合营造的典范。

我们在优秀的传统聚落当中看到，以人为核心的综合营造，是非常生动而具体的。

图 01-15

2 建筑设计学习是一个过程

建筑、建筑知识、建筑设计、建筑设计学习是不同的概念，其内涵、外延各不同。

建筑设计的内容是如此的丰富和庞杂，如茂盛的大树；而建筑设计学习可以比喻为对这棵大树果实的有序采摘。在这棵大树上采集，对有些枝丫孜孜不倦，对有些枝丫暂时略过，最主要的是把自己学习的根深深地扎到大地里面。

可以把建筑设计理解为一个过程，也如同一棵大树，它是一个不断生长的过程，而且各部分都有一个生长的过程。

2.1 空间由简单到复杂

建筑设计学习过程，有各种不同线索的表述，比如说有建筑类型、问题型、词汇型，但不管哪一种方式，实际上有一点是共同的：在这个过程中，空间都是由简单到复杂。

有两个基本的题目：餐馆和别墅设计。餐馆设计，有竖向交通联系，以 2 层为主的，座位有均好性，有内线和外线区分。别墅设计，以起居室、主人套房为核心，主人套房包括的内容有卧室、书房，还有主人的其他兴趣空间。餐馆和别墅都是比较简单的空间组合，餐馆界定在城市街道边，别墅界定在美丽的旷野当中。

还有一个基本的题目：幼儿园设计。每一个幼儿单元有活动室、卧室，要有采光，而且还要有日照，继而是单元和单元之间的均好性。作为一个共同的功能组成部分以后，这个功能部分要和音体室、后勤部分、管理部分发生联系，这种联系往往通过一个线性的走廊来串联，楼梯间有一个疏散宽度及疏散距离的问题。

随着空间由简单到复杂，交通、结构及其他方面都会变得进一步复杂起来。

图02-01 JD1985幼儿园设计正图01

这一组图绘制在一套包装绘图纸的牛皮纸上，需要很小心地把牛皮纸裱在绘图板上。牛皮纸有多种，这一种虽也有一定韧性，却又易破。笔者用针管笔绘制，加了一些淡彩，重点的部分用了一点白色水粉。

在学习过程中，钢笔淡彩、徒手线条加适当色彩，是一种常用的表达手法。

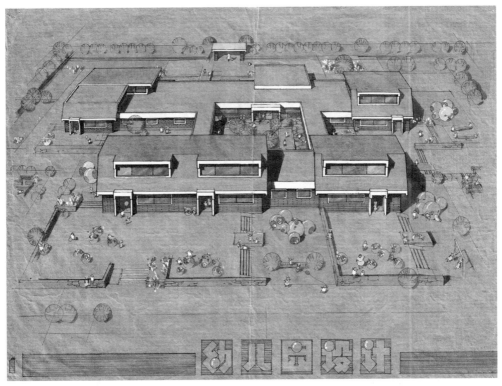

图02-01

图 02-02　JD1985幼儿园设计正图 02

在这张图里，可以看到幼儿单元之间的均好性，每个幼儿单元设计为跃层式，活动室在下，寝室在上，有一个楼梯，幼儿主要活动在一层。幼儿单元之间通过内环式走廊联系起来，本图当中没有前面所提到的综合的竖向楼梯间。右上角画了一个有趣的示意图，是一个玩耍的孩子正在投掷东西。

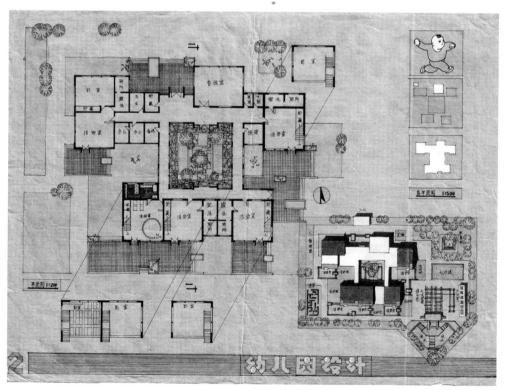

图 02-02

图 02-03 JD1985 幼儿园设计正图 03

在本图中，有立面及局部透视，有室内透视和室外透视，室内透视和室外透视比较注重整体设计思路的一致性。右下角有一个最简单的面积指标。

在幼儿园设计中学习单元组织、交通组织、组织表达等内容。

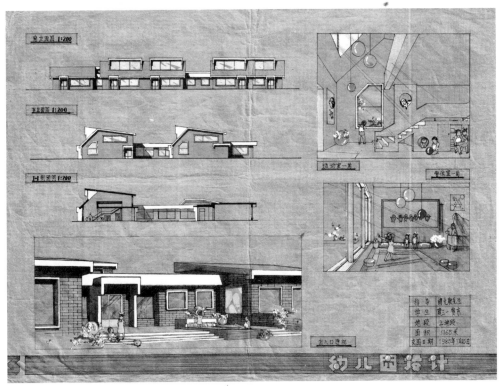

图 02-03

2.2 界面由线到体

我们讲过多次建筑空间的围合是由界面确立的,而界面不单纯是一条线。它是一组组合的形体,甚至有时候是一组复杂的组合形体。今天的玻璃幕墙、建筑表皮,实际上就是一组、一系列复杂的、不同形状的形体按照某种逻辑组合起来。

一句话,再次重复,界面是由若干形体组成的。

在大学三年级,界面组织学习很重要,要在思考空间形态的同时思考形体的界面组织,并有很多专题的加入——文化、历史、技术等。

图 02-04 JD1986 春图书馆设计局部 01

当时的命题是乡土文化,或许可以对应今天的地域建筑。

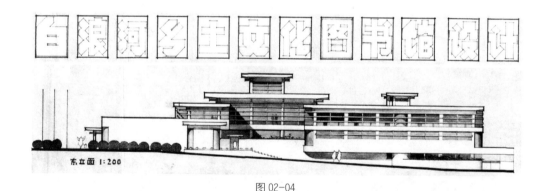

图 02-04

图 02-05 JD1986 春图书馆设计局部 02(右图)

对于界面组织及表皮设计有很多说法,文化的、节能的、生态的,各种理念很多,但是建筑设计者本人的主观意愿始终是很主要的,只有这样才能出现建筑的个性。

一句话,尊重自然,也尊重设计者自己,个性地组织空间界面。

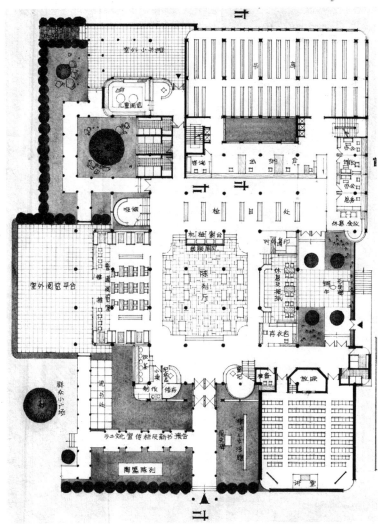

图 02-05

图02-06　JD1986春图书馆设计局部03

上，主入口透视，用混凝土模仿木结构的某些特征，还有精心设计的小墩子加上铁索，形成草坪的小护栏，在草坪上露天放置了一些当地的工艺品。

下，室内透视，潍坊以风筝出名，因而在室内布置了风筝和语录。

一句话，空间界面的内涵很丰富。

图02-06

图 02-07 JD1986 春图书馆设计局部 04

这两张图主要是中心大厅，有各种陈列和饰品。

陈列和摆设是室内设计的一个持久问题。

一句话，陈列和摆设不能代替建筑空间的设计，却又要与整个建筑风格融合。

图 02-07

2.3 视野由建筑到城市

由地块到地段，由场地到场所，最后到地域，各种不同含义之间有一定的交错和交叉。不局限于建筑本身，对城市适当研讨，应是学习的内容。

图 02-08　JD1986 春图书馆设计局部 05

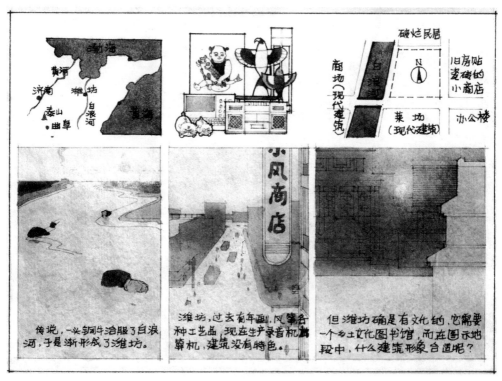

图 02-08

图 02-09 JD1986 春图书馆设计局部 06

本图是室内透视的正式图，其草图在徒手线条表达部分讲过，室内放了几个绿色的仙人球。

图 02-09

2.4 学习主线的逻辑性

到了高年级，要注意设计组织的逻辑性，如住宅设计，多大的户型配多大的卫生间厨房，是有一定的逻辑关系的。而在城市综合体和大型公共建筑设计中，各个方面综合组合的逻辑性就尤为突出。以现在常用的题目城市旅馆为例，包括功能、结构、设备、文化、趣味等方面，是各方面综合组合的典型。

图 02-10　JD1987 秋旅馆设计局部 01

本图是旅馆公共空间的主要部分剖切图，有交通导向综合功能的大堂、服务功能的总服务台、休闲功能的咖啡座、聚会功能的宴会厅，还有垂直交通和卫生间，并有一直渗透到半地下的室外庭院，在这里都进行了综合而清晰的设计。

一句话，学习主线的逻辑性，首先是设计组织的逻辑性。

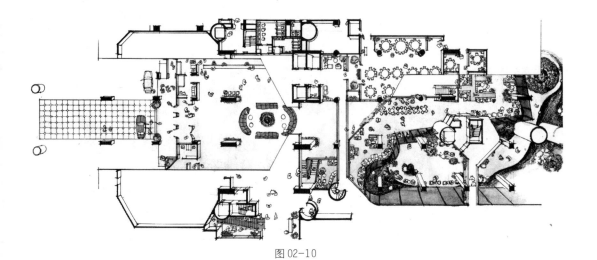

图 02-10

图 02-11　JD1987 秋旅馆设计局部 02

本图是二层平面图，整体的空间轮廓线基本上是完整的一个长方形，有结构的、功能的、造型的若干个圆筒。其功能复杂，分为几大块，以餐饮为主。竖向交通也是重点。所有这些要与上、下层结构形成合理的逻辑关系。目前有一种趋势，即把柱网无限地扩大化，这种趋势是不合理的，貌似容纳了很多功能问题，但是容纳不等于解决。

复杂建筑设计的难点之一在于上、下空间对于柱网体系的要求是不一样的。

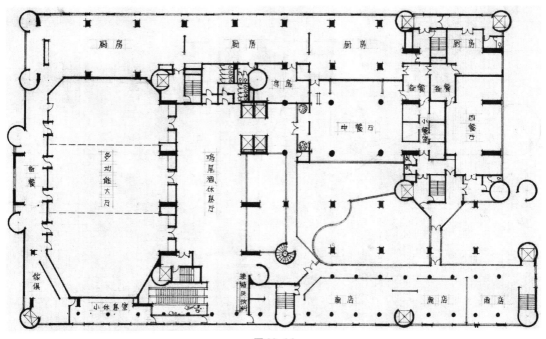

图 02-11

图 02-12　　JD1987 秋旅馆设计局部 03

清晰的柱网，也可以有进一步的结构转换，高层以剪力墙为主。

具体到每一个地区，结构抗震限定是不一样的。但是从逻辑上来讲，其基本结构应该都是与功能空间有所对应的，即在一定的有限定结构内来组织空间。

随着科技的发展，我们可以做出各种结构，但是首先我们要认识到某些结构的巨大耗费，要思考其实际空间意义到底有多大，不能为了形式而形式。

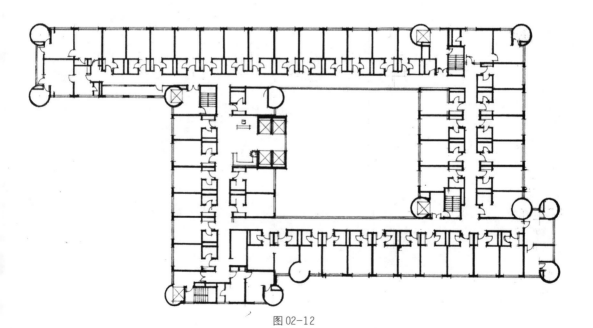

图 02-12

图 02-13 JD1987 秋旅馆设计局部 04

在结构清晰的前提下，对室内进行进一步的设计。以旅馆为代表的小的城市综合体，其设计的逻辑是多脉络的，到最后又汇合成一个综合性的成果。

一句话，有逻辑的、得体的空间秩序，是建筑最重要的节约和其他节约的前提。

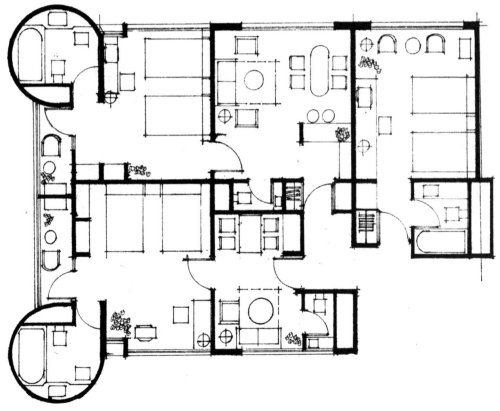

图 02-13

2.5　学习内容的综合性

从四年级开始在设计院实习，大学五年级进行毕业设计，设计实践选择的题目多种多样，可以是大的，可以是小的，但是其内容肯定是综合性的，如一个大的城市设计与综合体设计，一个中等规模而背景多重功能复杂的厂房改造，一个小古建筑物测绘、保护、修缮实施的全过程。

这里有一个问题，就是我们所选择的学习题目要跟实践紧密联系，但是现实中的实践工程其进度与时间安排不可能跟学校的教学进度一样，所以必然会有模拟的因素。

一句话，真题假做很有意义：真题确保了我们跟现实的场所与过程联系，而假做又控制我们的内容和时间。

综合的训练，不是说只有大题目才是综合的训练，小题目也可以做综合的训练。

图 02-14　JD1988 毕业设计局部（右图）

在这样一个设计当中，涉及两大部分功能，一是研究、管理、办公，二是对外开放的报告厅，而且这个报告厅还有一定的观演功能，两个部分在形体上有一定的院落式空间组织。在这里的结构训练是像城市综合体的训练，而在文化各方面的思考又类似前面的乡土文化图书馆训练。这样一个毕业设计，可以说是各方面的综合性训练。

一句话，毕业设计应该是对前几年专业学习综合运用的提升过程。

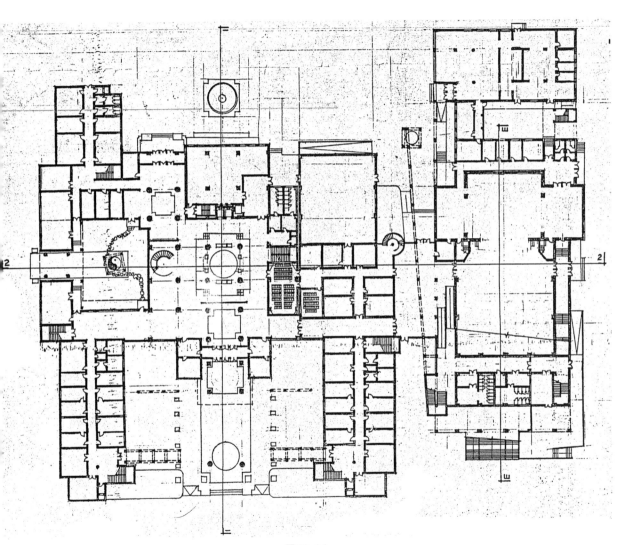

图 02-14

2.6 学习平台的外延性

校内的学习过程，需要学习的触角不断地伸展出去，读的书不要只是局限于老师讲的，画的图不要只是局限于任务书中的内容。在实践单位中的实习和学习，也是非常重要的，在设计院接触到的可能要比我们在学校接触到的更新、更实际，这是正常的。

一句话，不能否定学校教育的必要性，也不能要求学校教育狭隘对应某一种实用需要。

学校的教育有其体系性，这种体系性应当是整体的建筑学教育立场与实践概括，而不是单纯针对某一实用需要。反过来讲，实践实习更多的则是要深入学习具体的实际工程，而施工图的学习是一个非常重要的内容。

图 02-15　JD1987 秋临清医院剖面

本图是大学四、五年级之间夏季实习所做。当时学习做这个设计的时候，突然觉得在大学几年学的好多的手法在这里无用武之地，其实主要原因有两个：第一是工程造价的问题；第二个是当时大多数认可的形式。

一句话，作为学习者，对于现实造价和大众审美，一定要有一个虚心学习和分析的过程。

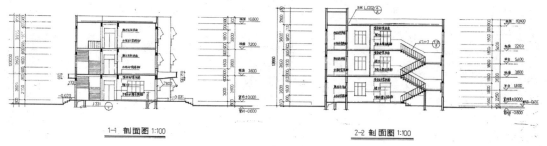

图 02-15

图 02-16 JD1987 秋临清医院平面

布置貌似简单，在学校学习里的很多造型手法似乎在失去。在很简单的若干个矩形组织中，把不同的流线组织在一起，加以比较详细的尺寸标注，其工程效用简洁明确，这样一个能力实际上恰恰是在设计院学习中要虚心学习的。

一句话，科学的真正意义就是把复杂的问题简化并明确。

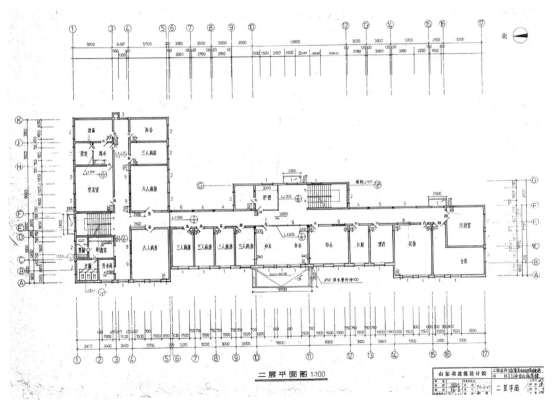

二层平面图 1:100

图 02-16

2.7 三个工作面

三个工作面有两个含义：从大的面来讲，有学校课堂、实践场所、自己的兴趣和爱好三个大的学习方面与学习场所；从小的面来讲，在每一个工作学习场所，要努力创造三个自己可以随时使用的工作面——第一是手绘，第二是模型，第三是电脑——三个工作面要有一定的独立性，也可以放在一张桌子上。

一句话，把学习过程落实在实体平台上，有手工绘制、工作模型、电脑制图三部分。

2.8 过程不是简单的流程

建筑设计的学习过程像一条河流，这条河流里有若干个节点。

评图是建筑设计的学习过程中很重要的节点，评图的方式多种多样，应该越来越重视让学生自己上去讲图，学生也应该把它当做难得的过程。

图 02-17　2008 春季建学 06-2 班别墅设计正图讲评

图 02-17

2.9　集体氛围的营造

营造集体学习的氛围，首先要营造学习场地的氛围。

把培养集体意识与专业爱好结合起来，我们就能从中获得很多乐趣。

一句话，我们要形成多个而不是一个小团队。

既不要过多去关注别人在干什么，又要注意多交往可以与自己在设计上切磋的同学，几个好伙伴相互之间形成一个好的互动关系，进而班级的学习气氛自然就逐渐形成了。

图 02-18　2009 春季建学 07-2 班别墅模型讲评

图 02-18

3 设计建筑设计学习过程

建筑设计学习是一个过程，其规律可以认识，其进程可以控制。

一句话，建筑设计学习过程其本身是可以设计的。

3.1 学习过程的规律性

无论从徒手线条表达入手，还是从设计工作模型入手，都可以深入地进行系统的学习，而作者倡导的方法是各种方法的组合与多种手段的交替，而这种组合与手段交替，也遵循着由小到大、由简到繁、由单一到全方位的规律过程。

一句话，学习内容从小到大，由简到繁，由单一到系统，学习过程也是如此。

左、右两图是笔者带领大二的学生做小学设计时做的一个示范，在两个课时内完成。

图 03-01 JD2001 小学示范 01

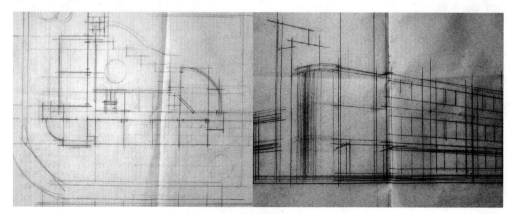

图 03-01

　　做这样一套图，作为老师来讲，是事先经过思考和设计的，重点阐述的是设计逐步深入的过程。图 03-01 之左，以轴线确定基本平面，图 03-01 之右是透视的草图，空间和造型同时进行。图 03-02 之左，平面深化，对入口和楼梯的位置进行了进一步的设计，有多个重复的教室，只是把一个教室表达清楚即可。用有限的徒手的方式来表达一个比较完整而渐进的界面形体组织过程，这个过程在楼梯间的两面夹墙的高低处理上有进一步的体现。

　　由小到大、由简到繁、由单一到全面是一个普遍规律，建筑设计学习也不例外。

　　一句话，建筑设计学习之规律的独特性，在于空间与空间界面的规模由小到大、形式由简到繁、因素由单一到全面。

　　进入建筑设计，进一步体会，空间界面这组形体的变化并非唯一依赖于空间本身的形态，它有自己一定的特征、个性或者称为必然性。而建筑设计的学习，就是用专业手段把对这种必然性的理解表达出来。而空间界面和表皮，其内涵是不同的，空间界面的涵义更丰富。

　　图 03-02　JD2001 小学示范 02

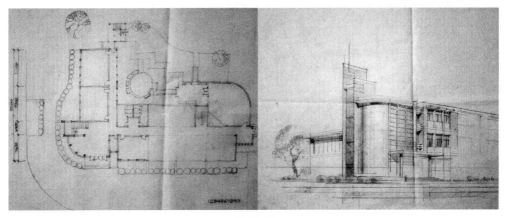

图 03-02

3.2 寻找问题

设计学习过程中首先是要了解学习的一些规律性，要善于去寻找这个过程当中的一些问题，这个问题往往是在不断动手设计中逐渐产生和发现的。

图 03-03 JD2009 建学 07-2 班辅导草图

左图为辅导各个空间之间的组成，辅导过程中又产生了新问题，右图进行了进一步的推敲。

一句话，寻找问题的过程要动手。

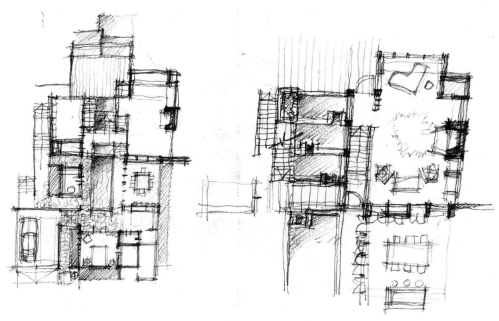

图 03-03

3.3 抓住问题

抓住问题，进而抓住其中最主要的问题，是要善于把若干问题进行归纳，而这个归纳的方向对于建筑设计学习来讲更多的是归纳到空间界面怎么去组织上，而空间界面不一定单纯是指围合这个空间界面的，有的可能是穿过这个空间形体的。

图 03-04　JD2010 建学 09-3 班辅导草图 01

左图，把一个有秩序的长条形空间与一个转了 45° 的不规则的梯形锥台进行组合，产生变化。右图，用一面墙划分左、右形体，而左、右形体的变化与趣味都汇聚在这一面墙上。

一句话，抓住问题就是进行归纳与提炼，形成简洁的问题描述，力求以简单解决复杂。

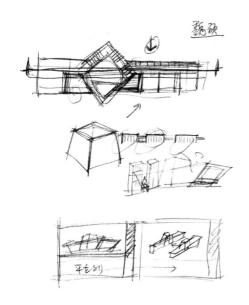
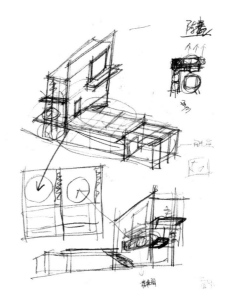

图 03-04

图 03-05　JD2010 建学 09-3 班辅导草图 02

　　左图，学生有一系列围绕着长方形体的空间组织，而在思考的过程中，忽略了基本的竖向交通的安排。老师把其一系列长方形体的空间组织简化，并在交错处，设置竖向交通，一个垂直体块把几个水平延伸的体块有序地组织起来。同时，老师给出来进一步设计时图面的组织建议。右图，一组小房子围绕着一个庭院，半围合而成一个变化有趣的空间。老师建议，进一步将庭院分区，形成对应于小房子的三种空间类型。

　　一句话，抓住问题，是在教与学的互动中进行的。

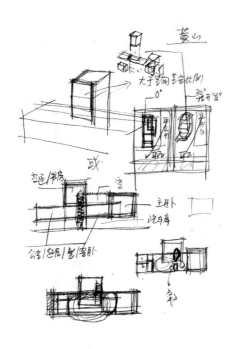

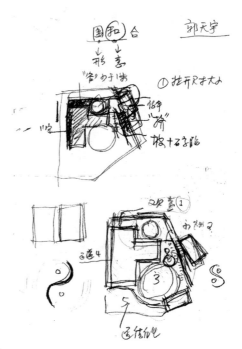

图 03-05

图 03-06　JD2010 建学 09-3 班辅导草图 03

左图，学生有功能、空间、立面方面的几个难题，交织在一起。老师以草图方式提示，可以引入"模数"的概念，将空间与立面的划分引入一个有限定的组织过程中，空间的尺度相应变得简单明了。右图，学生有一个可以继续发展的方案，老师对其给予鼓励，并进一步建议具体细部的设计，还给出了具体构图的建议。

抓住问题，必须要有针对性，必须针对每一个设计的主题个性和进程特点，而不是追求一个可以套用的方程式。

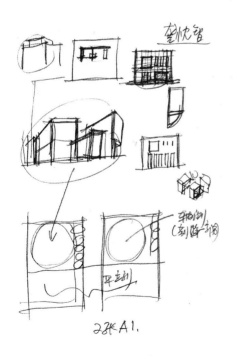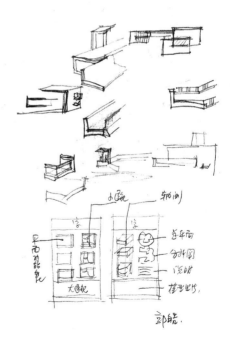

图 03-06

3.4 梳理问题

抓住问题是一个思路分析的过程，梳理问题是一个细化设计的过程。前者的目的在于在诸多思绪中形成清晰的、要面对的进一步目标和实现目标的主要途径，而后者则是一个落实的过程。而在这个落实的过程中，新一轮的问题又会产生。

图 03-07　JD2009 建学 07-2 班辅导草图（右图）

这五张小图是笔者从学生的设计模型出发，作为设计指导，以草图示范的形式绘制的。

左上，将模型三维形体转换为二维线条，确定基本形体的"投影"。

左下，进行空间功能分析，文字与线条并用，将设计工作模型不便于表达的内容，很简洁和快速地表达出来，以便师生进行交流。

右上，将空间功能分析落实为空间界面组织，与设计工作模型比较，有很大的变化和调整，同时延续设计工作模型在虚与实对比方面的组织，优化侧面开窗与窄槽开窗。在这个阶段，空间的阐述是主要的，而不是细致地绘制某一层平面。

右中，将空间界面组织，以一层平面方式进一步细化。用笔变得细致，便于控制比例与尺度，这一步很重要。

右下，将二层平面方式细化。

这五个阶段是依次递进的，但不是死板排序的。

一句话，发现问题、抓住问题、梳理问题的循环过程，就是逐步推进的设计过程。

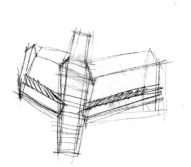

5-1

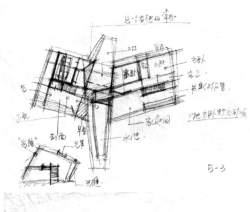

5-3

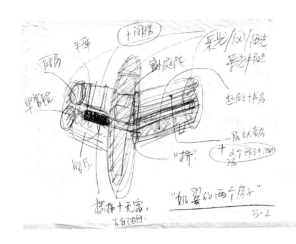

5-2

5-4

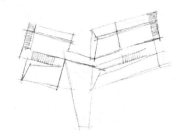

5-5

图 03-07

3.5 坚持火花 落实形态

设计过程中会有宝贵的思维火花，要抓住，要坚持，并落实为具体形态。

图 03-08　JD2010 船餐厅辅导草图

学生产生了"船"的火花，老师既阐述建筑造型的自身规律，指出建筑设计的独特性不是一种具象的模仿，同时也从如何进行商业经营的角度予以肯定，对其绘图效果予以鼓励。

图 03-08

图 03-09　JD2008 建学 06-2 班餐馆草图示范

示范有一个"九宫"理念，具体形态的落实，离不开对于功能的思考和描述。

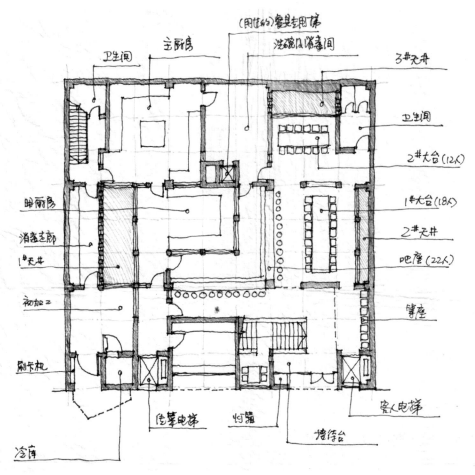

图 03-09

3.6 环境意识贯穿设计

建筑设计所对应的"环境"一词其含义是非常丰富的，环境形态对于设计的影响是其一。

图03-10 JD2001图书馆设计竞赛01

左图对照着整体空间环境，思考怎样组织空间形态。

右图更进一步思考尊重环境空间形态和追求自身设计空间形态的完整性两者的平衡。

环境空间形态肌理与自身设计的空间完整性之间要有一个平衡。

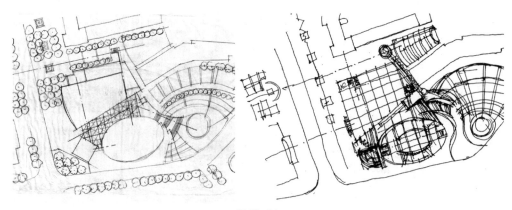

图03-10

图03-11 JD2001图书馆设计竞赛02（右图）

进一步深化，第一是空间的形态的完整性，第二个是空间界面组织的丰富性和与环境的协调，第三是内部的空间组织和外部的接口问题。其中，自己做的空间的纯净性与完整性是最重要的，而在交通走向和界面组织上又与周边的环境形态有机联系。

一句话，建筑设计，既要将环境意识贯穿设计，又要始终抓住自身设计空间的完整和纯净。

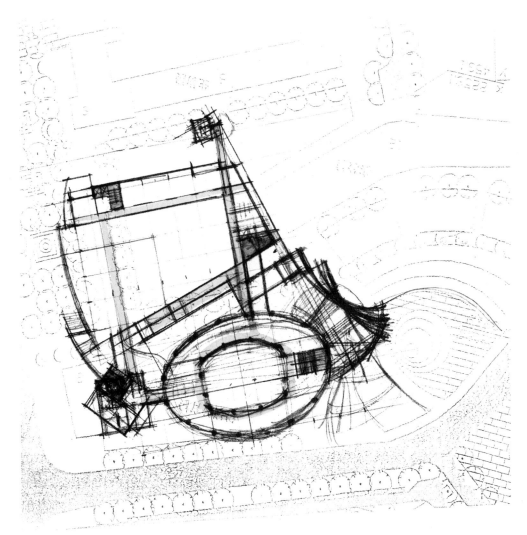

图 03-11

3.7 语言与文字

我们美丽的语言，有非常大的阐述能力，要在学习过程当中体会并运用这一点。

图 03-12 JD2007 草图示范

每一个设计的形态，都可以与设计它的想法有一个对应的语言描述。

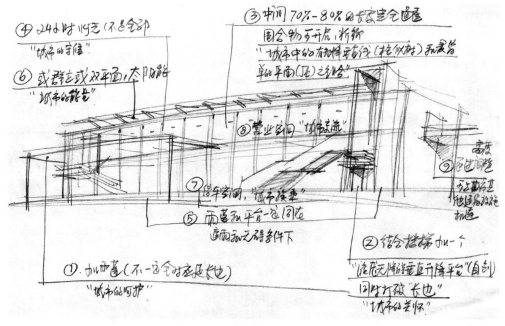

图 03-12

图 03-13 JD2010 巢居城市手稿（右图）

当时笔者在外出差，为指导学生，根据竞赛题目，在旅馆写成。

一句话，善于用语言来进行清晰的阐述也是一种必需的过程训练。

可能的"密居城市"

2010年6月16日 杨焕1刘同15导师
(端午节)

一、○辉景的缺失 { 个体对邻里的选择过程
单元壳体-经形成积之空间
辉景之间缺乏主宰生的空间定 } { 社会1当代
的三大主题 }

○辉景的分辉与重生 { 把单元壳体独立出来—这样的边界
之角载面的变化+组织的空化+组合
——高低的边界
主体的1相画的1可放置的"密庭"(?)
——灵互的其边界 }

★ "自由构件"
的建造与空化

二、○六角面单元体设计 (私趣味) { 不在乎或者的
因有边界 }
① 大小与组合适应不同的家庭—生活的功能 —视角的变化
② 六个面别八个面的视野
· 四个高所未有的"鸟瞰视角"(侧面)
二个传统体验的垂直面 { 与户外
与"支撑"(密庭) }

③ 像飞的垂直认识
{ 古老的"眺望"→当形飞机的"行走路"
"据地而居"→可与天衣的"据势据光" }
★ 甚密包中更需要大小不一的"水平面"
而不是"垂直体",而之各形花卉多好种植

三、○组织的城市:
① 阳光是斜着些照我们的
之轮体的组合给各个方向阳光与视角越有
决了更多可能 (自己与邻界)
★② 斜面上的绿化与斜面之间的
斜线空越(连续与垂直面) ③ 丰富化城市形态
(组合过也1"密庭"及其
其他能对的大体的密院)

图 03-13

3.8 大空间 大作业

建筑设计学习，离不开对城市和环境的认识，而建筑、规划、景观这三个学科缘渊同源、功效同理、发展同步。很多情况下，要对一些大空间的大问题进行阐述，不要为难，逐步深化。逐步深化的手段是很多的，也包括草图绘制。

图 03-14 JD2002 奥林匹克公园投标草图 01

三张图均为总平面布置，左图空间范围最大，中图则侧重于核心部分，对应现有的奥体中心、新的奥运中心和北端的奥林匹克公园这三块，而右图是对新的奥运中心的进一步深化。

一句话，由简到繁，由小到大，由单体到系统，这是一个规律，可以用不同的手段，逐步深化。

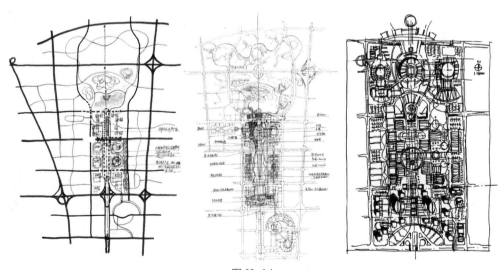

图 03-14

图 03-15　JD2002 奥林匹克公园投标草图 02

　　左图大的空间形态已经比较明确，而右图则在左图的基础上，对单体的尺度与形态进一步推敲，两图实际的作用是各有侧重的。

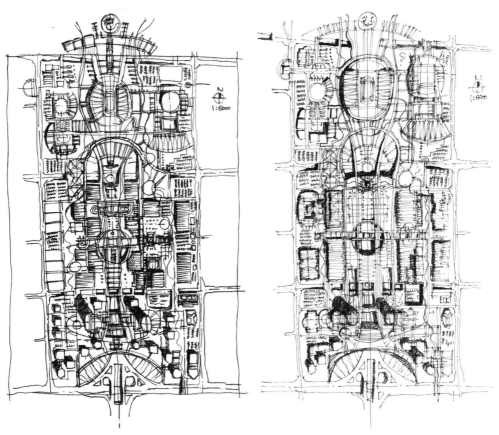

图 03-15

3.9 综合思考归结于形态

更多的情况下，无论以哪一种方式，徒手线条表达，设计工作模型，计算机绘图与建模渲染，都要把我们的所思、所想更多地归结于形态。

无论一个想法在一定条件下的可实现性如何，作为设计者都要对它有一个清晰的想象，并能够清晰地把它的形态用各种可能的手段描述出来。

一句话，教有方，学有法。学习之道，在于守拙，在于有形。

以下两图是在一个校园规划中的一个长廊设计。

图 03-16 是长廊的剖面，有一些东西在一定条件下是很难实现的，但是作为设计者来讲，需要对这个形态进行清晰的描述。

图 03-17 是部分校园的平面，长廊的位置在右下角体育运动场左侧。

图 03-16　JD2003 校园规划长廊

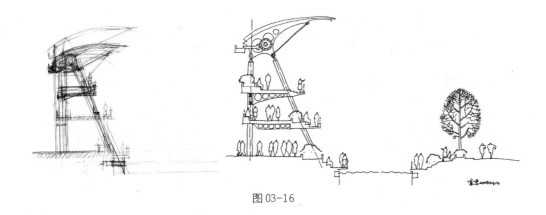

图 03-16

图 03-17　JD2003 北方工业大学校园规划草图（右图）

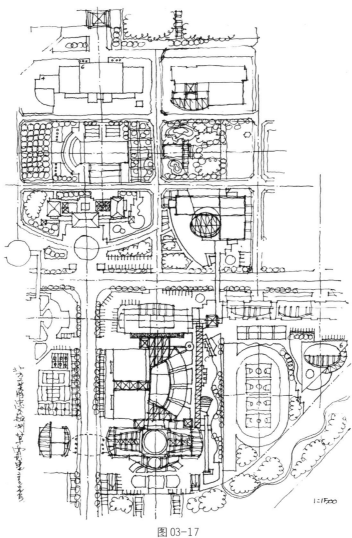

图 03-17

第二部分　过程中的发现

4　过程分析与个性自觉

一句话，什么是过程中的发现？过程中的发现就是面对问题并解答问题。
　　这些问题有一些是在学习过程中自然产生的，而有的是需要对学习过程进行主动的、自觉的分析，在分析中探究问题。

4.1　向后看的再发现

　　作为建筑设计的学习，主动的、自觉的过程分析首先是向后看。向后看有两重意义：
　　其一，看建筑学整体的教学研究与发展变化。关于建筑学教学，有类型教学、问题教学、主题教学，或者其他线索，或者技术手段等方法。而无论哪一种方法都是由简到繁。其二，当自己的学习积累到一定程度的时候，应回过头来对自己的学习进行一个适当的归纳。面对自己以前的作业，主动回味，老师想通过这个训练带给自己的是什么？这个训练实际带给自己的又是什么？
　　图 04-01　建学 01-4 班陈姗知春亭墨线训练
　　这个训练题目有多年历史了。
　　回头看，这个训练的意义有三：其一，通过对立面详细的描绘，学习中国古建筑左右对称、体量均衡、上下曲线和谐的特点；其二，通过严谨的绘图制作过程，体会到当时营造的严谨制作过程；其三，初步体会不同的材料组合，顶部的瓦、中间的木柱、下面的砖石台子。回头看这个作业时，再结合到现场去看，会明白，看到的是 4 棵柱子，实际上是 16 棵柱子，进一步理解了平面和立面之间的相互关系。再回头看当时画的栏杆、雀替和漏窗部分，有些地方还不够严谨，因为当时没有理解，它们是由一根一根木材组成的"正"形，而不是掏出来的"负"形。
　　再一次回头看这个作业，会进一步理解中国传统建筑的基因，是一种形态直觉的培养。

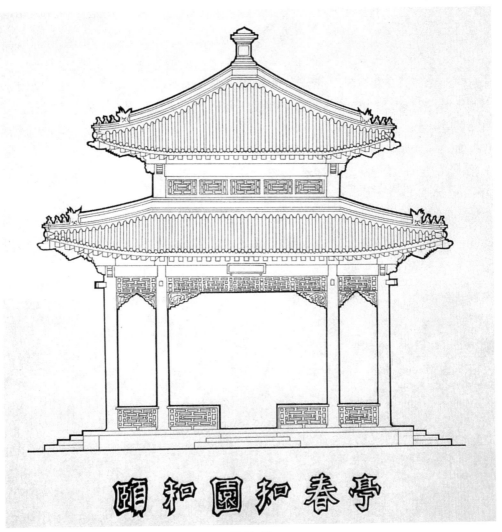

图 04-01

4.2 过程与构成

对照建筑知识的大树，建筑设计的学习过程就像另外一棵大树，像一个立体的空间构成，也是一种形态构成的组织方式，是一种元素与整体兼顾的过程。它有诸多方面：依托时间和空间存在的构成组织；各个题目元素及其组织；每一个题目内的元素及其组织；每一个步骤的元素及其组织，等等。

图 04-02　建学 01-4 班胡浩、陈姗作业

"我的空间"是北方工业大学沿用多年的一个训练题目，让学生在一个有限定的体积中，组织一个属于自己的空间。左图打破了常规的立方体形式，用了一个正反曲线，组成了一个生动而有序的立体构成。右图也打破了立方体形式，采用了一个体形切割的方式，在材料上形成一个对比。两个设计其实有一个共同点，就是对基本体积要素的变形和拆分，这种变形和拆分一直是一种有效的设计手法。

图 04-02

图 04-03 建学 01-4 班胡浩别墅设计

这一个别墅设计在左图中用了直线的构成，右图用了曲线的构成，其实它们的脉络是比较清楚的，都有一个方向性，而在这个方向性的两翼都有一些辅助的形体，这些辅助的形体有它独立存在的形态，同时又在整体上依照它们的排列方式进一步强化了这个方向性。

左图更侧重于一种板式的构成，而右图在板式构成的基础上，对某一个方向的板又进行了进一步的分解，是靠若干组顺方向排列的形体，形成的一种镂空空间的板式界面，而进一步突出了整个建筑的方向性。

从这个构成的演变当中，我们可以体会到设计方案的一种逐步深化的过程，而这种深化过程，有时候从表面上看是超越了形体的一种简单延续。

一句话，类比于构成，建筑设计的学习过程有逻辑、重复、变化等诸多特性，而变形、拆分、方向也是建筑设计学习过程的重要特点。

图 04-03

4.3 过程与控制

建筑设计的学习过程有一定的可控制性，要重视组织过程与表达方式。

图 04-04 建学 06-2 班得奖作业局部

这一组照片是言语家同学小组在大一时的得奖作品的局部。

一句话，在学习过程中要重视组织过程与表达方式。

从左上角到右下角，一共 12 张图的过程，清晰地表现了从基座到立柱到中间加固，再到其他元素的加入，直至最后整个完成的形式有三种主要材料，即木材、铁丝和透明部分，以及以木头为骨架组成的这样一种立体构成。

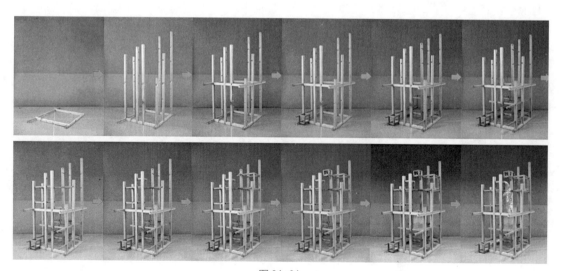

图 04-04

图 04-05 建学 06-2 班得奖作业过程图和正图

在这个过程的控制类比中，前图表现了一种直接的制作过程的控制，而本图进一步地体现了表达过程的控制。同时，不应该把这种控制简单理解为构图上绝对的死板一致。

一句话，建筑设计学习过程的控制是一种适度的控制，而不是完全照着设定的线路一步一步地往下走，要理解过程控制的开放性。

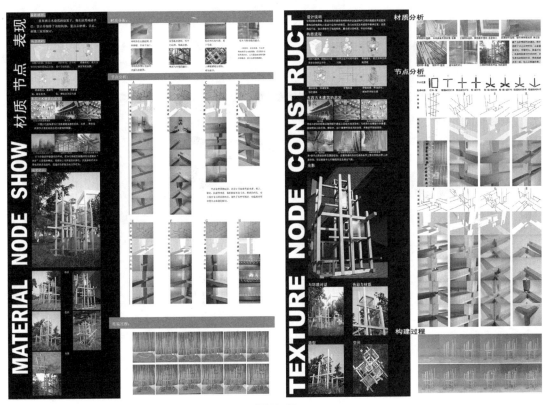

图 04-05

4.4 基本的手绘与手工

有意识地设计自己的学习过程离不开自己基本的动手，徒手线条表达和设计工作模型应该是我们动手的两种主要方式，这在本套丛书的前两本书中已详细阐述。

图 04-06　建学 01-4 班黄华别墅设计 01

左模型制作简易，却抓住了建筑的主要结构体系，用了同一材料，在结构方面，它要表达的内涵比右模型可能要更突出一些。右模型将承重的墙体分为红色的深颜色毛石墙和白色的涂料墙，在设计的思路上进一步细化了；同时，在设计的表达上，采取了可以拆分的方式。

图 04-06

图 04-07　建学 01-4 班黄华别墅设计 02（右图）

模型拆分不是简单地根据楼板的上下层关系来拆分，而是根据设计的需要进行。

一句话，设计工作模型是要持久坚持的，而在做的过程中更多的要依托自己对于设计的理解，始终抓住建筑的结构与空间的界面之间的复合关系，而不单纯是一种手工技巧。

图 04-07

图 04-08

图 04-08　建学 03-4 班王焕然幼儿园设计正图局部 01

这一套图是在完成作业后又重新绘制的，并往两个方面进行了拓展。其一，对设计局部剖面加入一定含量的技术性问题。严格地说，在大学期间建筑技术的很多东西学的都是比较肤浅的，但是这种肤浅不等于没有意义，甚至有时是非常有意义的。其二，从幼儿的心理出发，进一步突出了创意主题。分析了幼儿一定程度上的一种普遍心理行为，即躲在相对安全的地方往外窥探，引出洞和穴的概念，并进行了形态的追溯和设计。

一句话，重新绘制的过程，实际上是一个重新设计的过程。

设计在均好性方面也实现了进一步的拓展。

幼儿单元为三组，一共六个班，每两个班形成一个形体，这个形体有顶部采光，有高度变化，满足了功能的要求。左图局部 1 阐述了从远古时代到巢居，到洞穴，到村落这样一个过程，又加入今天对于一些技术手段几何尺寸的理解的绘制。而右图是完整的从立面到屋顶构成形体的过程，有意将总平面做大，跟屋顶平面合做在一起。

图 04-09　建学 03-4 班王焕然幼儿园设计正图局部 02（右图）

图 04-09

图 04-10

图 04-10　建学 03-4 班王焕然幼儿园设计正图局部 03

本图把一些设计细部场景进行了组织。

图 04-11　建学 03-4 班王焕然幼儿园设计正图局部 04（右图）

右图是清晰的平面功能组织，平面功能有一个主题形态，辅助部分也跟随这个形态。

学生在墙体的组织上下了很大的工夫，各个剖面图结合剖切的立面大样，对建筑技术的形态进行了一些初步的学习探究。

一句话，徒手表达始终是一个重要的手段，其表达范围和内涵可以跨越和提升整个过程。

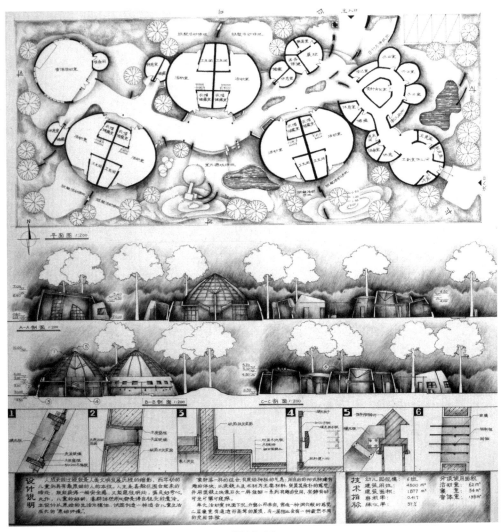

图 04-11

4.5 逻辑与图层

很多绘图的方法、很多软件，乃至非线性与建筑信息模型，所有这些计算机应用的最大特点是逻辑管理，而逻辑管理可以浅显地理解为是通过图层（不是简单的、单纯的图层，也许是组，也许是类，也许是群），通过分类的方法，把各种形体（不仅是建筑形体）进行了一种属性赋予；在属性赋予之后，可以进行互动的修改乃至编程。

图 04-12 JD1985 春别墅建造过程 01

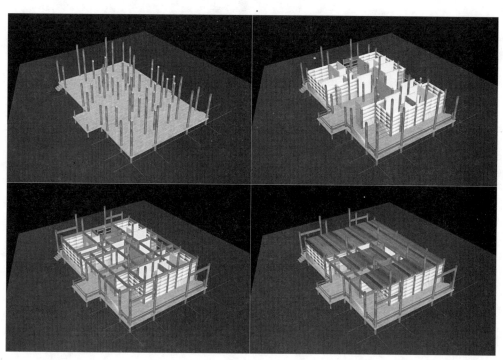

图 04-12

一句话，对计算机应用之逻辑管理的本质要有一定的认识。

图 04-13　JD1985 春别墅建造过程 02

建学 01-4 班黄华同学 2003 年秋季根据笔者大学二年级 1995 年春季的作业进行了计算机建模，通过这个过程具体学习到了一个建造过程，从地面开始，到基层，到架起的主体层面，再到立柱，到隔墙，到上面的框架组织，直到覆盖一个庞大而清晰的大屋顶。

一句话，无论是计算机还是手工的方法，认真地把每一个形态组织好，都是关键的。

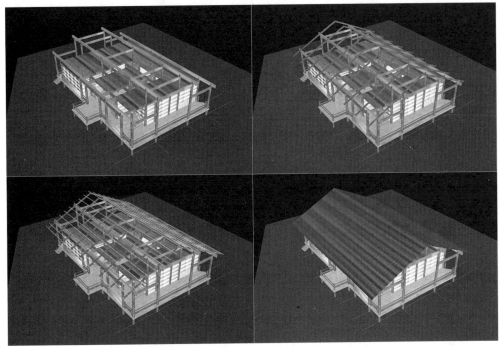

图 04-13

4.6　以自我为中心的发散性设计学习

我们讲过了回头看、过程构成、过程控制、基本手段的不断深化、用不同的手段包括新的技术手段来模仿、学习、体会别人的东西。其实，在设计自己的学习过程当中，关键的是，当积累达到一定程度时，要开始有意识地形成以自我为中心的一种发散式的学习方法。

一句话，以自我为中心的一种发散式的学习是设计学习过程之关键。

以自我为中心的一种发散式的学习，是要付出更多努力的学习。

图 04-14　建学 02-3 班卢承捷博物馆设计作业总排版

这一套图是卢承捷同学大学四年级的作业，是七张完整的排版。

其一，首先从工作量来说，远远超出了作业本身的要求；其二，深度也超出了规定；其三，表达的成果是很完整的。

设计者充分利用了自己在上海的成长经历，在地块的选择上，对周围的地块进行了比较系统的了解，而这种了解更多的是落实在形态上，并把这种对于周围空间形态的了解通过自己的方式重新组织起来。这给学生奠定了在今后工作中进一步提高的坚实基础。

· 图 04-14

图 04-15　建学 02-3 班卢承捷博物馆设计作业局部（右图）

上海外滩地区170地块虚拟博物馆设计

2005.11-12. 四年级上学期

新老建筑的空间差异是困扰历史街区整体和谐的重要因素，历史街区缺乏理性认识与科学分析，往往只能用类似尺度宜人、肌理统一，文脉延续等街区空间的感性词汇描述。同时容积率、建筑密度、建筑高度虽然可以作为控制指标，但仍然难以把握历史街区的特质。

新老街区的几个基本不同：

1 建筑体量不同　2 外部空间不同　3 街道界面不同 4 街道肌理不同。

空间性状分析：

街区空间性状包括建筑体量与街道界面两部分。

1 建筑实体体量控制

A 常规控制指标

基面面积，容积率，总建筑面积，建筑密度，占地面积，平均层数

B 虚体空间控制

外部空间密度：单位地块面积内建筑外部空间的比率，从宏观上控制街区中虚体空间的多少。

外部空间尺度：地块内外部空间的占地面积。从微观上控制街区内虚体空间体量。

外部空间类型：图底关系的分析方法，归纳外部空间的性状及其与建筑的相互关系，即街区空间的虚实变化。

2 临街界面的控制

建筑界面轮廓：街道界面上部轮廓的参数，界面垂直向度上的关系。

退让状态：描述建筑界面对于道路退让关系。

临街界面类型：建筑临街界面性质与街道空间的关系（三个方面，整体轮廓，弯曲状况，内外联系，限定街道界面3维变化）；

历史街区各地块具有内在构成规律和空间上相似，于是把整个街区视作一根

区域位置

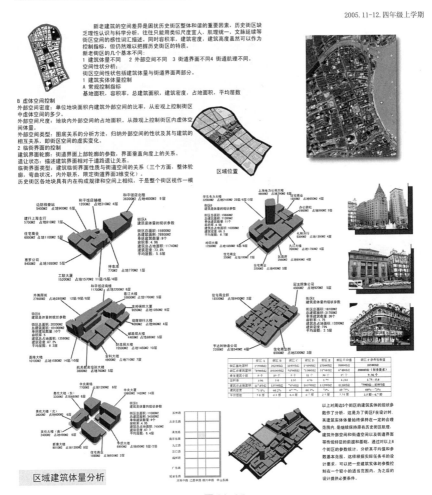

街区A

区域建筑体量分析

街区基地面积	街区A	街区B	街区C	街区D	街区E	街区平均值	街区F参考控制值
街区基地面积	15900M2	20210M2	11000M2	14500M2	13000M2	15000M2	11500M2
街区建筑面积	79000M2	74000M2	76000M2	79000M2	73000M2	78000M2	20000M2（任务要求）
单位楼层个数	9	11	8	9	9	9	9-16 层
容积率	4.96	3.0	4.95	4.76	4.244	4.5	1.75~8.8
建筑密度占地面积	1174000M2	13790000M2	1149000M2	679800M2	1120000M2	1120062M2	799000~83906M2
建筑密度	73.8%	67.8%	67.6%	67.2%	63.3%	67.8%	40%~73%
平均楼数	5.0 层	4.3 层	6.4 层	6.7 层	4.2 层	5.14 层	4.4~8 层

以上周边5个街区的建筑实体现状参数作了分析，这是为了街区F在设计时，其建筑实体体量始终保持在一定的合理范围内，是继续保持原有历史街区肌理，建筑外部空间和街道空间以及建筑界面等传统特征的前提和基础。通过对以上6个街区的参数现状，分析其平均值和参数基本范围，可以将把一些建筑实体的参数控制在一个较小的适宜范围内，为之后的设计提供必要条件。

图 04-15

图 04-16　建学 02-3 班卢承捷轨道交通站点调研作业总排版

这个作业是学期中间穿插的一个小调研作业，许多同学是以一个调研报告的形式交的，而卢承捷同学进行了一个主动的设计。

设计之前对整个的交通站点情况进行了一定的调研，然后在调研基础上，按调研的依据进行分类，之后对某一些站点的改进又提出了自己的意见，在图纸组织上是完整的四张图，一些数据是通过调研得到的，另一些数据是通过查找资料得到的。

在这个例子中可以明确看到，围绕着一个主题，拓展一种发散式的思考，这种发散不是发散到没有东西，而更多的是方向清晰并形成具体的形态和可以表述的成果。

要主动创造氛围，而这个氛围的核心就是以自我为核心的、发散式的主动学习的方法，一个学习者要努力进入这样一种学习状态，在一定程度上建立一个自己学习的内核动力和一个良好的自我循环提升机制，这一点是非常重要的。

一句话，以自我为中心的一种发散式的学习，可以简洁理解为超出规定工作量，超出已经有的深度和角度，进而有可能超越以前的自己。

图 04-16

图 04-17　建学 02-3 班卢承捷轨道交通站点调研作业局部（右图）

北京轨道交通站点设计专题

2006.5四年级下学期

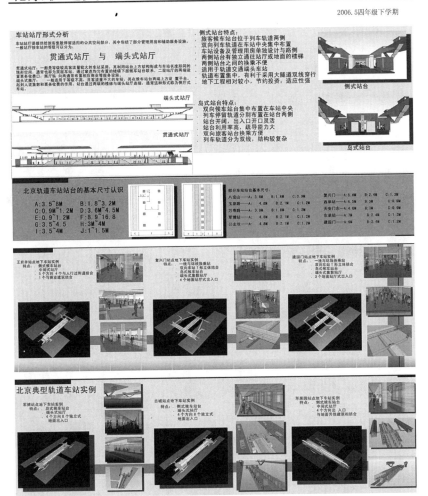

图 04-17

4.7 自我学习过程的预见

以自我为中心的一种发散式的学习，还包括要有意识地培养自己一定的预见性。

图 04-18　建学 03-4 班徐爽别墅设计 01

徐爽同学从进入设计开始就有自己的思路并在后来自己的总结里回顾了当初的想法。

她提出了几点，要做自己想做的一个空间，初步尝试材料，做一个更加有建筑感的房子。

图 04-18

图 04-19 建学 03-4 班徐爽别墅设计 02

因为其事先有预见性的学习方法，图纸组织得非常完整，而且非常醒目，获得了 2005 年全国建筑学专业大学生优秀作业奖。而自我学习过程的预见是有必然意义的。

一句话，学习的过程是有一定的必然性的，要适当地认识这种必然性，并有预见，当然不要把预见僵化。

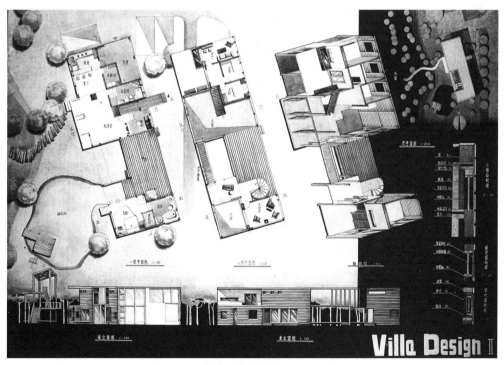

图 04-19

4.8 时空框架——史与序

当画图和制作的东西积累到一定程度的时候，当开放的知识积累到一定程度的时候，需要在自己的头脑当中建立一个时间和时间顺序的框架。

一句话，当知识积累到一定程度，需要建立一种时与序的建构体系，来容纳知识。

有一位同学想考硕士研究生，来与笔者请教建筑史的复习问题。当时笔者问了他一个问题，就是在悬空寺建造的年代是中国历史上哪个朝代，这个朝代的前后关系是什么，当时在中国的南方发生了什么事情；也问了他一个外建史的问题，就是在圣彼得大教堂建设的时候，中国是在哪个朝代，当时中国发生了什么事情。应该把这种相互的时空对照主动梳理一下，给建筑的知识赋予一个可以定位的体系，即建立一种时与序的建筑史的建构体系，以历史知识为材料，以历史时间为框架，以今天的认识为原点，而这种体系又可以用一种二维的方法表达出来。

图 04-20　建学 03-3 班滕晓煜整理的中国历史年表局部（右图）

后来这个同学回来见老师时，拿出了一张非常大的写满了字的表格，他用编年的方法将中国的朝代、世界的历史、中外建筑事件等几方面进行了梳理，这只是选取了其中的一部分。

一句话，历史的知识不等于建筑史的知识，建筑史的知识不等于建筑设计的知识，但是这三者是不可分割的。

4.9 自我觉醒：对过程的个性突破

至此，可以把若干词汇梳理一下：

自我的意识，自我学习的构成，对构成的个性突破，对外界的吸纳；

学习与追求，要面对面，每一个人就是氛围，个体是氛围的基石；

把图画好，有预见，以自我为中心的一种发散式的学习，确立时与序的秩序。

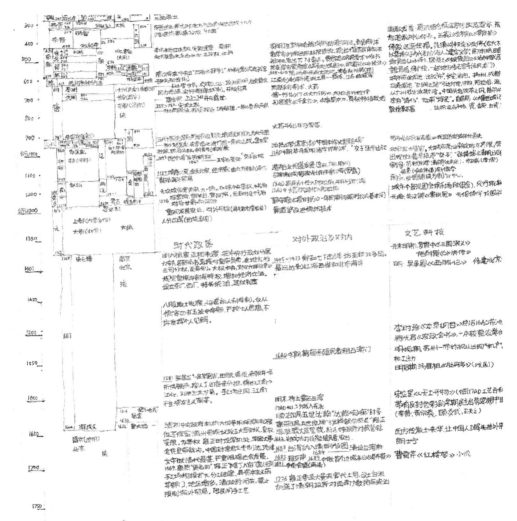

图 04-20

5 把过程问题转化为设计问题

5.1 基本的理论体系学习

对建筑知识的学习和建筑史知识的学习，并不是要事无巨细地学习，而要有一个脉络和体系，最基本的时空序列概念要确立起来。

5.2 第一手资料与第二手资料

到现实当中去调研，实际上面对的是两类的资料。第一类是我们眼睛真实看到的实物，这一部分很重要，可增加我们的直观感受，特别是对材料效果的直观认知离不开这一点。但是深入学习需要二手资料，也就是我们所说的第二类资料。不要将二手资料理解为不是实际调研的资料。

图 05-01　2004 春建学 99-1 班陈超毕业设计千佛阁复原 01

学生在学习过程中进行了多项第一手资料与第二手资料的调研。

一句话，二手资料是前人在大量的一手资料的基础上长时间积累的结果，是符合我们的学习需要的，比我们管中窥豹的现场一瞥还有意义。

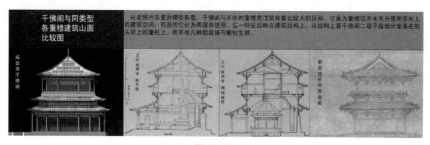

图 05-01

图 05-02　2004 春建学 99-1 班陈超毕业设计千佛阁复原 02

这一套图获得了 2004 年全国建筑学专业大学生优秀作业奖。

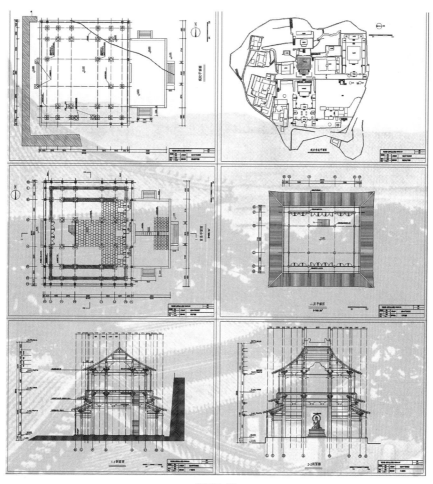

图 05-02

图 05-03　2004 春建学 99-1 班陈超毕业设计千佛阁复原 03

图 05-03

图 05-04　2004 春建学 99-1 班陈超毕业设计千佛阁复原 04

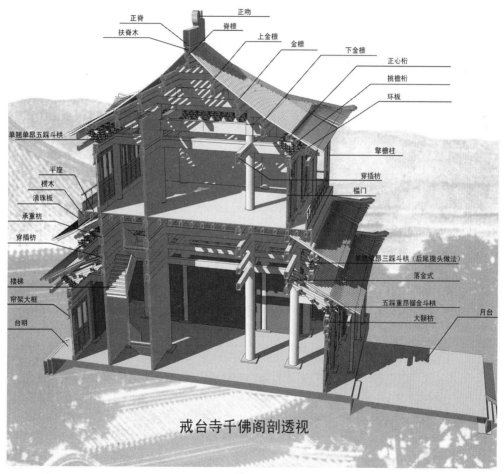

正脊
正吻
扶脊木
脊檩
上金檩
金檩
下金檩
正心桁
挑檐桁
环板
单翘单昂五踩斗拱
擎檐柱
平座
穿插枋
楞木
檩门
滴珠板
承重枋
穿插枋
单翘单昂三踩斗拱（后尾撒头做法）
落金式
楼梯
五踩重昂镏金斗拱
帘架大框
大额枋
台明
月台

戒台寺千佛阁剖透视

图 05-04

5.3 尝试建构问题

要尝试着去组织问题，并且把这个问题落实为建筑形态的探究。

一句话，要尝试着去建立自己的问题体系，并将其归结为设计问题。

对于我们现实中的许多社会问题，学生应该去思考和发问，但是，发问之后，要把它归结成一个我们建筑学设计的问题，这就是我们要努力去建构自己的问题。

图 05-05　2006 春建学 03-4 班王焕然参加设计竞赛作品 01

该设计着眼于年轻人的居住和拥挤的城市空间这对矛盾。设计把城市空间中的负空间，或者说多余空间、犄角空间，归纳为一种剩余空间，然后归结为一种设计表达。

在这个过程中，有一个典型地段的发现和阐述的问题，如果没有典型地段，这个设计就不会落实，而这个典型地段既要有一定的概括性，又要有一定的现实性。设计者选择了老城区，选择了因为历史沿革等各方面因素形成的消极空间，来设计一个自由居住的空间，希望给城市增加积极的活力。

图 05-05

图 05-06　2006 春建学 03-4 班王焕然参加设计竞赛作品 02（右图）

剩余空间

剩余空间
入口空间
厕浴空间

在建筑的山墙之间
不影响原有建筑的使用
仅用于偶然的穿越作用于是
在一定高度上形成
——剩余空间

排除对日常生活
公共设施设置的影响
设置合适的入口
所剩下的空间
——可使用空间

考虑到浴厕空间的特殊性
也需对其位置作恰当的布置
剩下为富有趣味的生活空间

图 05-06

5.4 剩余空间构筑

图 05-07　2006 春建学 03-4 班王焕然参加设计竞赛作品 03

在典型地段阐述的基础上，又筛选了一个窄长条的具体地形做了一个设计，这既是一个概念设计，又有一定程度的适应性，完成了从城市乃至社会到具体形态的建筑学的问题演变。

一句话，对于建筑设计学习，研究问题，思考问题，其归结点应该是一种形态的落实。

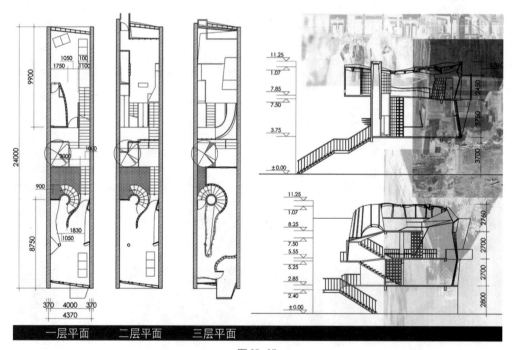

一层平面　　　　二层平面　　　　三层平面

图 05-07

图 05-08　2006 春建学 03-4 班王焕然参加设计竞赛作品 04（右图）

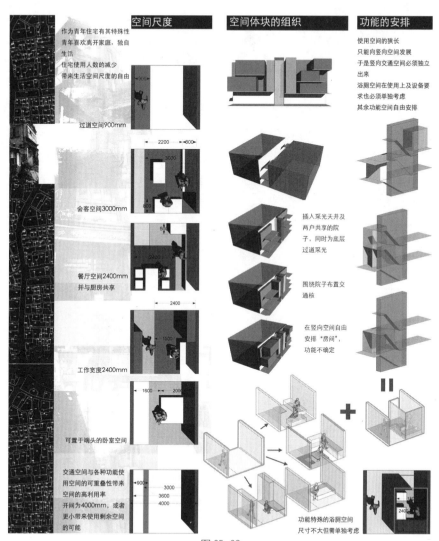

空间尺度

作为青年住宅有其特殊性
青年喜欢离开家庭，独自
生活
住宅使用人数的减少
带来生活空间尺度的自由

过道空间900mm

会客空间3000mm

餐厅空间2400mm
并与厨房共享

工作宽度2400mm

可置于端头的卧室空间

交通空间与各种功能使
用空间的可重叠性带来
空间的高利用率
开间为4000mm，或者
更小带来使用剩余空间
的可能

空间体块的组织

插入采光天井及
两户共享的院
子，同时为底层
过道采光

围绕院子布置交
通核

在竖向空间自由
安排"房间"，
功能不确定

功能特殊的浴厕空间
尺寸不大但需单独考虑

功能的安排

使用空间的狭长
只能向竖向空间发展
于是竖向交通空间必须独立
出来
浴厕空间在使用上及设备要
求上也必须单独考虑
其余功能空间自由安排

图 05-08

5.5 工业构筑遗存再利用

一句话，建筑设计的学习应该包含更多，其中包括工业构筑遗存的问题。

在学习的过程中要学会主动地去拓展问题。

图 05-09　2006 春建学 01-4 班黄华毕业设计（右图）

该设计选择了首钢在永定河畔的四个冷却塔为设计对象。

这四个冷却塔，一个基本保留形态，一个利用剖切面，还有两个又分成两种性质：一个与前两个大空间组合在一起，另一个是一个独立的大空间。

整个地段是真实的，四个冷却塔现场也是真实的，但是具体设计超越了目前的种种限制，进行了进一步的设想式设计，并把它归结为一个建筑的问题，从场地停车、规划景观一直落实到建筑各个界面的处理，而这个界面处理又加入很多建筑的功能。这是把一个工厂厂区中的特定功能性的构筑物转化为城市社区中崭新功能综合体的过程，脉络上是很清晰的，其成果也符合建筑学的学习要求，并有一定的拓展性。

一句话，每一个学习的轮回，完成一个交圈的学习，这个交圈不是闭合的，而是开放的，进而为下一步的学习拓展空间。

建筑的形态问题不仅是房屋的问题，还有很多构筑物的问题，从这个角度出发，往上延伸与另外一个命题——工业遗产进行对接。这方面北方工业大学有一个很有利的条件：学校临近永定河，永定河畔首钢转型，是北方工业大学建筑学类学科一个很好的课题群，有建筑的问题，有规划的问题，而建筑和规划的问题的落脚点有时是构筑物的问题，这些东西跟自然的山水结合在一起，又产生了丰富的景观的问题。

图 05-09

5.6 发展过程与负形态景观体系

当建筑设计的问题进一步往前拓展的时候，会与城市更加密切结合。

在城市建设与发展的过程中，会出现一些新名词。

我们大量挖掘河砂，然后形成一个巨大的挖砂形成的坑。挖掘是主动的、有选择的，即把好的东西掏走，而形成的砂坑形态不是经过预定的，是被动的、偶然的，我们可以将其称为负形态。

石景山五环边上有一个巨大的雨水坑，就是当时大量取沙形成的一个砂石坑，这个负形态在今天的城市功能结构当中有它的实际意义，就是泄洪，大量储存雨水，这个意义是偶然形成的，却又难以更改，功能单一，并有诸多问题。如何将其有意地、有序地、有机地更好地组织到我们的城市当中，是一个很有意思的命题。

图 05-10　2008 春建学 03-3 班滕晓煜毕业设计 01（右图上）

在这个毕业设计当中，我们看到对砂石坑整体景观体系的构筑，而这个构筑依托于城市生活的内容。经过分析，砂石坑靠近老山体育中心，体育中心是趋向于专业性的运动中心，而在保证安全的前提下，附近增加一个群众性的完全开放的休闲场所，会更进一步地激发城市的活力。进而，把具体的问题落实到形态的问题上，相对于整个巨大的、空旷的砂石坑来讲，设计者设计了小尺寸的健身中心，还有景观的廊桥、观景的平台、系统的绿化。

图 05-11　2008 春建学 03-3 班滕晓煜毕业设计 02（右图下）

设计重点还是建筑（构筑物）的形态，并涉及建筑学的很多知识，如怎样利用坡地，怎样形成现代、简洁的造型，怎样跟城市生活密切结合，这个毕业设计的过程是完整的。

如一套完整的图纸应该做到的，该设计图纸组织有序，有姓名、标题等，而且很明确地标示出，这个图是由设计者本人独立完成的。

西南鸟瞰图

图 05-10

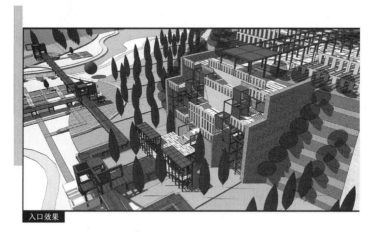

入口效果

北京老山附近公共健身空间设计 Public space Design

图 05-11

5.7 准确描述问题

我们要发现问题、琢磨问题，把它落实到一个形态上。因而，描述问题的能力是非常重要的。

图 05-12　2007 春建学 02-3 班卢承捷毕业设计局部 01

前面讲过，这个同学在大四的时候，围绕上海老城厢的公共空间，作了一些有意义的调研。

图 05-12

图 05-13　2007 春建学 02-3 班卢承捷毕业设计局部 02（右图）

图底分析产生了一个问题：今天上海老城厢区域之公共空间，比一二百年前的上海老城厢的公共空间，其总的面积，实际是增大了，但是为什么人们没有感到舒适呢？进而提出了自己的观点：我们今天的公共空间没有像毛细血管那样伸展渗透，而是僵硬的板块组合。

一句话，图底分析，不仅是形态概括，而更应是逻辑清晰的准确描述问题的过程。

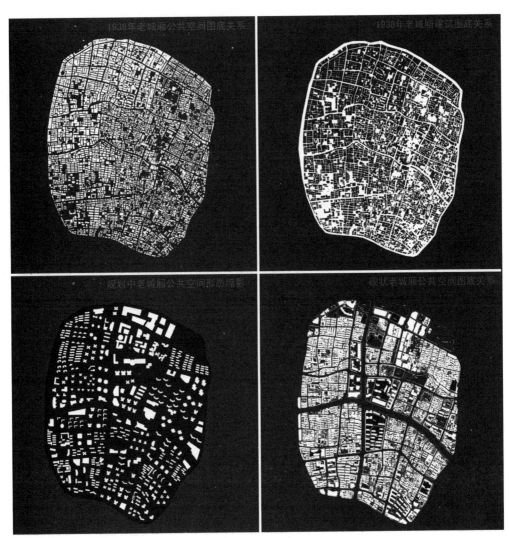

图 05-13

5.8 问题要素转化

这个同学提出了一个城市公共空间的问题，城市的公共空间没有像以往一样毛细血管化，那么以往的毛细血管化是怎么实现的，要进一步思考，而今天我们怎么把它实现，主要途径在于今天社区的空间体系。

一句话，使诸多问题要素转化为建筑设计的问题，而不是停留在社会问题上。

进而，从上海老里弄里面提取出一种空间模式来，再把这种空间模式改进运用到我们今天的社区乃至住宅的设计中，提出每一种居住方式都有一种适合自己的密度与尺度，同时要尽量做到多元化、混合化、复杂化。

图 05-14　2007 春建学 02-3 班卢承捷毕业设计局部 03

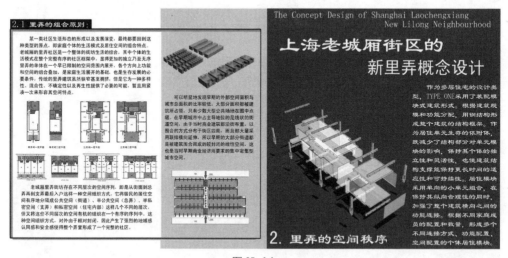

图 05-14

图 05-15　2007 春建学 02-3 班卢承捷毕业设计局部 04（右图）

任何一种生物都有自己适宜居住的密度和尺度。里弄建筑中狭窄紧凑的生活空间是一种生活尺度的体现，而家庭要素的多样化、延续化促使了这种原型朝多元化混合化、复杂化方向发展。里弄延续和更新的意义也正在原型、一层、一栋、一街里，又以具体的空间形态出现。它的原型已包含了形成家庭生活的各种必要元素，群体组织是它依附社区，完成和延续自我更新的必要过程和手段。理解了这层含义，就可以发现新里弄概念设计的出发点：形成数个完整且相异的生长本源体，为之提供一个可自我延续、多样发展的生存体系。

3.3 TYPE TWO 商住功能原型

TYPE TWO 具有商、办、住混合性的功能特点，里弄各种家庭的生存特点和商业的经营模式，保持其每个单体的相对独立性，同时扩大其相互间的网络作用。提高区域功能的多样性、多元化，增强每个个体在整体中的独立性，又让其保留必要的社区依赖性和生存依附性，继而反过来强化其整体性的作用。要防止整体的蜕变和衰落，就要保证始终存在着某种程度的混合性、多样性、无序性，这也是保持街坊社区活力的重要条件。

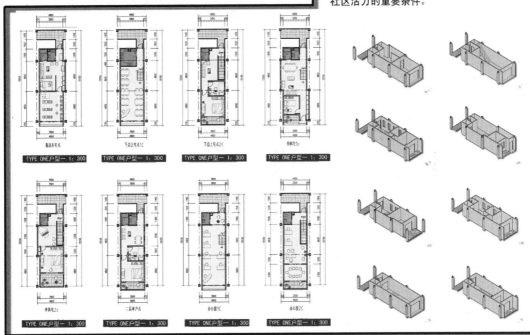

图 05-15

5.9 落实为设计探索

这个清晰的思考过程，不仅落实为建筑的空间组织，而且还有结构的组织，甚至还在一定程度上包括了材料的组织，最后通过完整的设计呈现出来。

图 05-16　2007 春建学 02-3 班卢承捷毕业设计局部 05

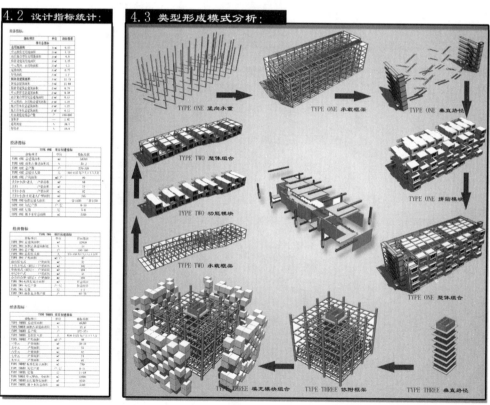

图 05-16

图 05-17 2007 春建学 02-3 班卢承捷毕业设计局部 06

我们看到，这个成果无论从哪个方面，都有一个全面而清晰的提高，呈现的成果是全面的，获得了 2007 年全国建筑学专业大学生优秀作业奖。

一句话，学习设计成果的呈现，其过程手段以基本制图的娴熟应用为核心。

图 05-17

6 设计实践过程中的发现

问题的出现与发觉是重要的，问题就是灵感，进而推进自己的设计实践。

这一章节选用的基本都是笔者绘制的图纸，通过笔者本人的一些体验来阐述一些问题。

6.1 从整体到细部

图06-01 JD1991 春国宾馆装修 01

室外的院落加建一个四季厅，进行了整体系统的设计，包括门饰的细部、标门牌号的位置。

一句话，设计应有一个从整体到细部的全过程，这样才会增加实施的控制度。

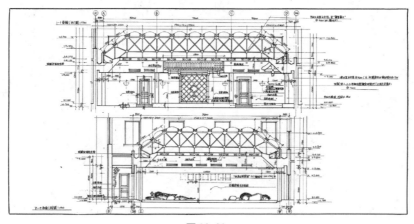

图 06-01

图06-02 JD1991 春国宾馆装修 02（右图）

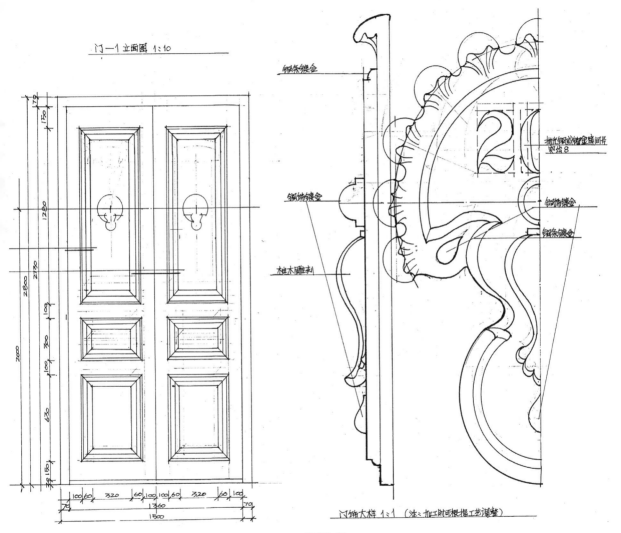

门一1立面图 1:10

钢条镶金

钢饰镶金

柚木雕刻

抛光细或涂绘金属回纹
密8

白铜饰镶金

钢条镶金

门饰大样 1:1 (注:加工时可根据工艺调整)

图 06-02

6.2 计算与统计

在设计实践中，经常用到一些数学方法——与设计同步进行的适当的计算和统计。

图 06-03 JD1993 春潍坊宾馆设计 01

一个清晰的结构体系，是与大小空间组织及多少个停车位有一定的关联的。

一句话，结构体系的完整性与规律性，是建筑设计实践中始终重要的一个问题。

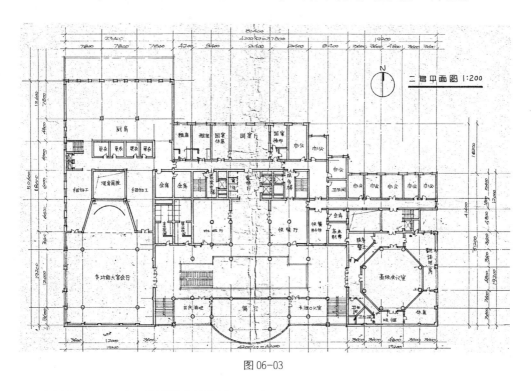

图 06-03

图 06-04 JD1993 春潍坊宾馆设计 02（右图）

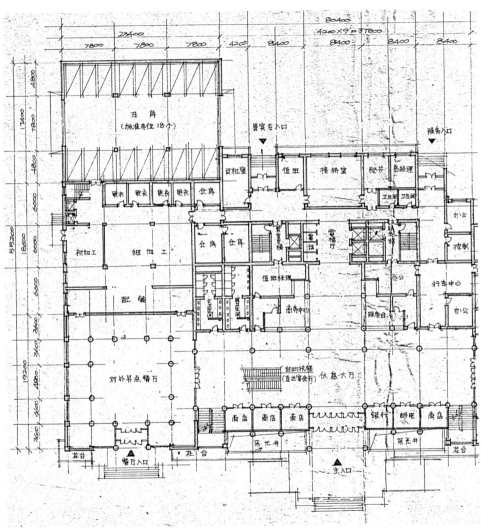

图 06-04

层	总统套房	公务套房	双床	单床
13			13	5
12	1		13	5
11		1	13	5
10		1	13	5
9		1	13	5
8		1	13	5
7		1	13	5
6		1	13	5
5		1	13	4
4		1	13	4
计	1	8	130	48

计 187套房 218个自然客间

注：每标准层面积约950m²

10个客房层面积约9,500m²

公共部分约8,000m²

主楼地下部分约950m²

总建筑面积约18,450m²

（如有14、15层，西餐厅、机房950m²

则总建筑面积约19,300m²

图 06-05

图 06-05　JD1993 春潍坊宾馆设计 03

这是一个房间统计表。

对照着图 06-06 我们看到，标准层有一些基本数据，落实到每一层通过一个比较简单的方法来进行房间的调整。设计多少个房间、多少个自然间，要有一个非常清楚的表述。

一句话，建筑设计学习需要简单的、熟练的四则运算。

当时因为条件所限，对于套间包括总统套房的理解比较简单，但设计及统计过程还是非常清晰的、跟图纸对应的。建筑设计的过程既是一个画图的过程，在一定程度上也是一个运算和运筹的过程，只有这样才能够跟建筑的总体策划及建筑最后的实施效益有一个真正的契合点，这样的建筑设计才有实际意义。

图 06-06　JD1993 春潍坊宾馆设计 04（右图）

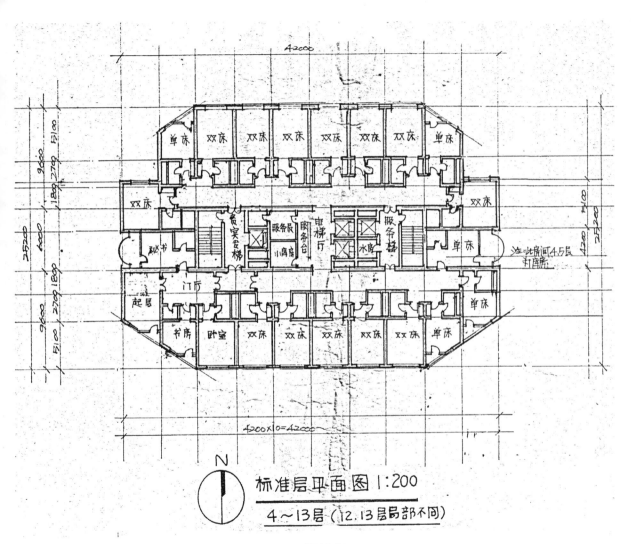

标准层平面图 1:200

4～13层（12.13层局部不同）

图 06-06

6.3 首先是住宅

在实际走向工作岗位的时候，设计师首先面对的是大量的住宅。

图 06-07　JD1995 春住宅 01

设计注意了住宅设计的逻辑性，比如，卫生间面积与总建筑面积的对应关系，还有厅的空间大小及其舒适度。同样是三居室，由于面积相差了 22 平方米，其面宽、卫生间面积、舒适是有对应差距的。

一句话，住宅设计的逻辑性首先是体现在面积和空间组织的逻辑性上。

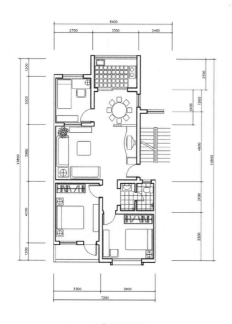

90m² 户型平面图

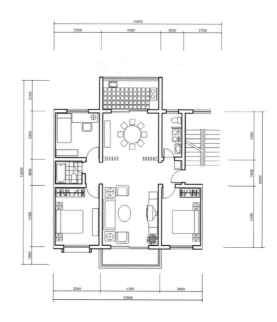

110m² 户型平面图

图 06-07

住宅设计的逻辑性内容很多。浅显地说，每一个户型，户型与户型，其各种设施的投入与面积要有一个对应关系，其区位、结构、材料、节能、采光、通风等要素也要有一个对应关系。

图 06-08　JD1995 春住宅 02

面对大量的普通住宅，很多所谓设计造型的手法往往是无法施展的，其美观应与功能有机结合。比如，规范中有一条，为了防止檐口开裂，住宅连续的檐口长度不宜太长，据此可以在顶端做一些变化。

住宅设计之美观，应与功能有机结合。

图 06-08

6.4　电脑是工具

　　我们多次讲过电脑是工具，有很多含义。在这里我们说，甚至可以把电脑当做笔来用。

图 06-09　JD1997 公司总部设计

　　这是一个公司总部设计，设计手法上有一些混合元素的运用，图面是一点透视。

　　绘图上，把屏幕当做图板，充分利用电脑准确的拷贝复制功能，特别是镜像关系，进行一种线条式的绘制。电脑的绘制，有时候可以是另一种方式的徒手线条表达。

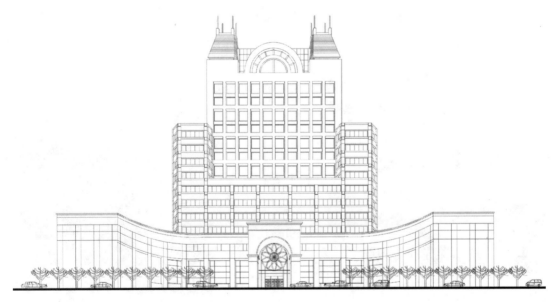

中滩总部办公楼方案　　童乔 1996.3

图 06-09

图 06-10　JD1995 办公楼设计

这是一个政府办公楼的设计，实际上用了跟图 06-09 一样的手法，唯一比较复杂的是两个扇面的透视线的组织，往远处拉伸了透视线，充分利用了电脑精确修剪的制图能力。

同时，电脑是工具，但是并不意味着我们今天可以忽视专门的软件应用。

一句话，电脑是工具，而今天对于电脑软件，应更多地遵循其本身的规律去学习应用。

图 06-10

图06-11 JD1996单位院落设计

一个单位找一块好地，靠近街道，交通方便，建办公楼，办公楼旁边建营业厅及附属的用房，从办公到接待都有，同时再建一个宿舍楼，在现实当中，这样的情况很多。

在这个设计中，电脑依然是直接作为笔来应用的，一排排的小车也是用电脑来"画"的，只是适当用了一些填充。在做的过程中不仅要遵循电脑本身的要求，更要遵循设计的要求。

电脑确实是一种工具，有时候是很好玩的一种工具。同时，电脑已经开始变为一种根本影响设计乃至工程的主体，学生应认真学习。

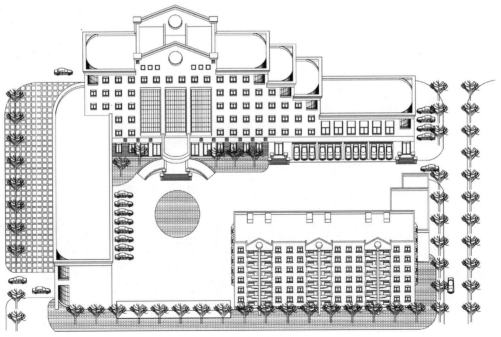

图06-11

6.5 手工的方式

在本套丛书的前两本书中讲过徒手线条表达，讲过设计工作模型，而对于建筑形象的描绘，在实际工作当中，今天大量地运用计算机渲染。其实计算机渲染跟手绘渲染在某种程度上是一样的，都是对于场景的渲染，都是对于一种主观想表达的气氛的想象描述。

图 06-12 JD1993 商场设计

这是一个大型商场设计，设计有直达二层的平台，门头高起，与带型窗有序结合。

地段位于一个折角的路口，所以对整个形体进行了曲折的布置，在手工的渲染表达中，这些设计要素都完整地表达出来。

图 06-12

图 06-13　JD1995 集团总部设计

很多总部设计，甲方有一些共同的希望——有一些建筑特色，有一些自身的特点，还有就是一定要气派，而这都是形容词的内涵都是甲方自己所理解的。作为建筑设计，还是要用建筑的语汇，而避免单纯依赖非建筑的语汇，如招牌、大字等，还是要注重建筑形象的总体设计。

图 06-13

图06-14　JD1995设计院办公楼院落设计

地段位于拐角处，既有办公又有营业，还有三到四栋宿舍楼。

设计中既有实际建筑功能的灵活性和通用性，还有一些古典风格的应用。办公楼和住宅楼两者的风格协调，由于功能的不同还是有一定的差异，这些方面还是要进行认真的设计。

一句话，无论是电脑还是手工，设计本身的内容始终是我们设计实践中最重要的一点。

图06-14

6.6　图签与签名

在实际工作中，看一个技术人员在设计单位中的工作意义，有一个很简单明了的方法，就是看这个人在其单位图鉴的哪一栏签名。

图 06-15　JD1996 图签签名

这是一个多年以前的图鉴，现在的设计单位，图鉴都做得很漂亮，中外文都有。而基本的技术责任层次大致一样，第一个是最基础的计算与绘图，然后是校对方案与设计，再到成为一个项目的负责人。从制图到设计的跨度是很多年轻人不太注意的，却是很有意义的，体现了这个设计机构对你独立工作能力的认可。从设计到工程主持人的跨度更是非常重要的，它表明你具备了对于整个工程的把握能力。再往上，是和技术有关联的一些行政职务的变化。

一句话，作为一个走向设计实践的学习者，要认真地从最基础的第一个层次做起。

建筑设计研究院			建设单位				
			项　目	大门			
院　长		专业负责人				工程代号	
总工程师		校　对		线脚大样二		图　别	建施
院　审		方　案				图　号	JS-5
室主任		设　计				比　例	
审　核		计　算				日　期	96.5
工程负责人		绘　图					

图 06-15

有时候自己的签名也可以做成一个有意思的东西。不管用哪种方式把自己的名字签上去，还是有一定的成就感的。

图06-16　JD1995-1997电脑效果图和签名

该图是笔者1995年学习电脑建筑建模的一个作品，右上角有一个签名。

签名实际上是三维立体的，在1997年又改了一下。该签名在很多作品中都用到。

一句话，工作中要踏实认真，有时也可以创造一点小乐趣。

图06-16

6.7 错位的风格

设计中经常谈到风格，其实，对于风格的理解，往往是错位的，而错位不等于错误。

图 06-17 JD1994-1996 恒森广场设计与实景

左图是一个建起来的实景局部，是一个 6 万平方米的综合体，为当时的大工程之一，右图是当时的方案图。

设计对所谓上海外滩的风格有一定的理解，进而就把这种直观的理解体现到设计当中。

今天回过头来看，实际上，作者对于当时外滩的理解并不一定准确，但是我们讲过，在一定条件下，要坚持自己的设计主导，就是一定要以自己的自信心为主来完成设计任务。

一句话，仁智各见，而作为设计者，责任与主张同在。

图 06-17

图 06-18　JD1995-1996 恒森广场设计与实景

主体结构是住宅部分，功能性较强，做得简洁明确，也符合造价的要求，在顶部进行了一些有特点的变化。街道实际上是狭窄的，现场尽可能远地找了一个角度也拍摄不全屋顶的造型，而设计屋顶时笔者已经觉得这个覆斗形的造型比例推敲是合适的，而实践当中还是发现有问题。至于风格，出现错位的理解是常见的，有时候体现了设计者的片面认识，但有时候恰恰是这种片面认识推进了建筑风格的演变。

一句话，我们在设计中要有自己的主张和坚持，这是建筑风格演变的动力。

图 06-18

6.8　追求大与高

在建筑设计实践中，无论是甲方还是设计者，追求大与高是常见的。今天，在大与高的基础上又加上快与奇。

一句话，追求大与高不应该是建筑师刻意去追求的，但应该是建筑师努力去解决的。

而设计实践要始终把握三点：其一，空间的完整始终是重要的方面；其二，最基本的材料和做法；其三，大建筑和小建筑的设计流程是有很大差异的。

图 06-19　JD1997 邮电大厦设计局部 01

该设计是一个超高层建筑，用了一些新的材料和象征的手法来体现邮电的历史。

该图是其裙房，右图是其主体顶部，整个图都是用徒手的方式绘制的，其前提是用计算机建模求出一个透视，在这个透视的基础上，又进行了手工的绘制。

一句话，手工和计算机的混合运用目的都是为了对自己的设计概念进行阐述。

图 06-19

图 06-20　JD1997 邮电大厦设计局部 02（右图）

图 06-20

6.9 演变与改变

风格的演变与改变也需要建筑师在设计实践中因势利导。

图 06-21 JD1997 人防办设计方案

这张图是作者当时做的方案中的一个，甲方希望做一个欧式风格，这个欧式风格的理解是因人而不同的，实施选定的是另外一个对比方案，还是由笔者来完成施工图。其实，欧式风格只是一种泛称，如西方风格一样，建筑师要做的是适当地把一些东西综合运用。

该图用徒手线条的方式完成，右图是施工图的局部。

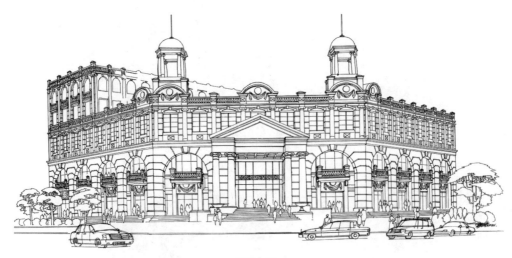

图 06-21

图 06-22 JD1997 人防办设计施工图局部（右图）

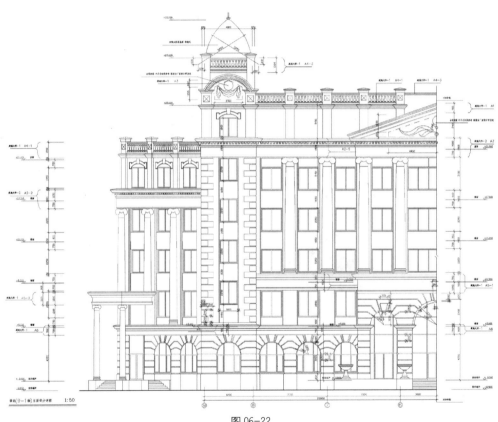

图 06-22

第三部分 设计实践与再发现

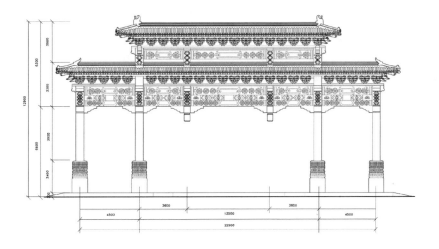

7 生手与规则

每一种职业角色，皆如戏剧，都是从模仿开始的，建筑师也不例外。而建筑师生涯的模仿，有更多种涵义，技法、手法、方法、行业、职业、专业、事业，非常丰富。要学习的东西太多，其中注册建筑师是一道门槛，或只是门槛之一，而团队精神是一个核心。

作为一个生手，成长的过程，是从思考到表达再到实现，逐步解决问题。

作为一个建筑设计者，真正进入设计院、走到实际设计工程中，会发现很多问题，其原因是复杂的社会问题，但要防止走向另外一种极端，即把所有的问题都归结于社会问题。作为一个职业者，更多的应该立足于自己的专业，让自己去适应工作环境、工作条件和工作氛围，从而被社会接纳，这样一个过程是更重要的。

一句话，发现与实现，是一个问题，在过程中学会思考。走向社会要有改变，而改变的核心还是自己专业的提高。

7.1 另一种临摹

在大学的学习过程中，会有很多模仿的方式，比如别人已经做好的二维图纸，自己照着画一遍；别人的实际优秀作品，自己用设计工作模型的方式再重复做一遍；包括别人的精彩设计片断，再用到自己的设计当中。而在实际工作当中，还有另外一类模仿，即遇到甲方的要求是，某一个东西是非常好的，要与之形似、神似。此时应注意：其一，甲方提供的参照物到底是什么样子，不同人的判断是有错位的；其二，如何把自己的判断和甲方的判断结合起来；其三，在设计过程中，一定坚持自己的专业追求，或者说要有自己的专业主见。作为专业人员，要坚持自己的专业取向，要善于分析甲方所认为的好处在哪。

　　一句话，甲方不是建筑师，甲方提供的参照是有道理的，其直观的感受，有时是有代表性的，而有的甲方的意见，更是多年专业经验的积累，值得学习。

图 07-01　JD1994 富华牌楼设计

　　这是一个酒店的入口设计，甲方明确提出，要做成像北京高速公路收费站的牌楼。作为设计，首先要有一个判断，甲方要的是不是完全像高速公路上一模一样的设计；第二，怎样才能把这个牌楼做得更有专业特点，而且符合功能要求。这个设计的收获在于，自己在这样的"临摹"过程中，以钢筋混凝土为结构主体，同时对传统木作建筑的很多知识进行了学习、梳理。

图 07-01

7.2 体会小房子的意义

一栋小房子，对于设计是小房子，但并不应就此将其看作小项目。设计者应有客观的换位思考，每一栋房子，不管大还是小，对于设计者来说都是一个有价值的脑力劳动对象，而对于甲方来讲是倾其所有的一种投入，而且同时也是一种风险。

图 07-02　JD1998 安居小区沿街房

这个项目是一片小区的沿街商业设计，经过很多次的推敲和反复，其过程是结合甲方营销的过程来进行修改的。基本以 2 层、3 层为主，很少有 4 层的空间，造价低。作为建筑师始终围绕着主要功能空间的完整与纯净，用最朴素的手法进行一定的方案优化。

一句话，适当换位思考，小房子，大项目。

图 07-02

图 07-03　JD1998 沿街商业房

有一段时期，所谓的欧陆风盛行，各个地方都不同程度地趋之若鹜。一些沿街商业房也进行了这样一些尝试，开发商和业主们都希望自己房子是光鲜的，是对别人有吸引力的，而在一定程度上，这与建筑师所说的愉悦有共通之处。

在这个设计中，可以看到有一些错位的，乃至不伦不类的风格模仿，同时在功能的前提下，采取了一种单元式的立面组织。分析一下中、西古典建筑会发现，其立面造型都有逻辑性很强的单元式构成。同时，要理解整体的营造水平，不要在工艺上与其差距太大。

一句话，建筑师要有专业追求，但专业追求不是刻意的曲高和寡。理解甲方，向实践学习，坚持专业追求。

图 07-03

7.3 方案 方案 方案

很多情况下，一个项目，不管大小，要做极多的方案。作为一个建筑师，特别是在刚刚走向工作岗位的时候，脑子里面总是出现三个词：方案、方案、方案。

图 07-04 JD1998 幼儿园设计

这是一个企业集团的幼儿园，总的要求就是低造价。而低造价的设计，并不妨碍我们做出一些有吸引力和有建筑个性的造型。

其一，单元式的功能布置合理，而且将其和造型结合起来；

其二，特殊的部分，音体室的造型，结合楼梯进行综合设计；

其三，造型给人一些新鲜感，造型还有功能的暗示，功能明确、流畅简洁。

一句话，在方案的纠缠中，要主动培养自己对专业的理解和认识。

图 07-04

图 07-05　JD1998 公司办公楼方案

　　有很多行业，在近二十年的发展历程中，曾经辉煌过，但是后来萎缩了，比如说寻呼行业，这个办公楼就是当时寻呼公司的办公楼。该设计造型，运用了一些构成的手法，既增加了视觉的丰富性，同时又避免大面积使用玻璃幕墙，以节约造价、降低能耗。

图 07-05

图 07-06　JD1998 行政办公楼方案

　　设计过程有时是很有意思的。这是一个行政办公楼，要求对称、庄重、大方、新颖。笔者做了很多方案，在这个方案基本上要被敲定的时候，有人称其似曾相识，所以，又重新开始。或神似形似，或全然崭新，各种要求都很有意思。对于笔者来讲，尝试了用新的手法来设计对称的、庄重的造型。同时这张图也是笔者自己认为在电脑建模及后期处理方面做得比较好的一个设计。

　　一句话，不管怎样蹉跎，设计的状态要永远乐观而专业，只有这样才能不断有所收获。

图 07-06

图 07-07 JD1999 水库别墅区方案

在很多的方案当中，很多都是前期的所谓策划，这种前期策划有的是没有任何限定的，但是需要呈现形态方案。这张图是笔者当时用电脑建模并渲染获得的一张平面图，在道路系统、景观组织、空间设置上都进行了考虑，而当时基本没有具体设计条件。事实上，多年来，对设计流程的阶段划分，也是存在问题的。

一句话，作为建筑师来讲，既然要做设计，就认认真真地做。

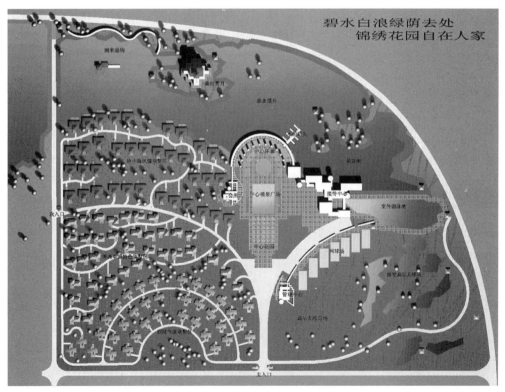

图 07-07

7.4 建成的意义

在"方案、方案、方案"之后，还有许多过程。

有的建成了，有的没有建成，但是一个建筑于建筑师的意义，最重要的还是其建成。

图 07-08　JD1999 监督站主立面图

笔者对这个项目曾经做过多个方案，但是甲方对原设计不满意，找笔者进行立面修改。

修改采取了认真仔细并内外兼顾的方法，没有简单停留在立面修改上。基本原则是，低造价与功能空间简化并重，在功能空间均好的前提下开窗，并适当进行一些组合，既有一定的专业品质，又要被甲方所接受。

一句话，建成的意义，对于建筑师来说，是诸多感受的基础。

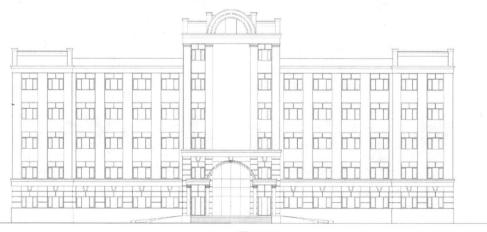

图 07-08

图 07-09　JD1999 监督站造型方案

　　该设计在立面竖向进行三段式划分，在横向上进行五段式的划分，中央部分采用独立的扶壁柱，其下主要入口设置了一个小柱廊，进一步地突出重点。

　　该图对照图 07-08 进行了一些调整，使其有所不同，主要原因是二层的空间组织，该图主体二层空间其灵活性处理相对来讲大一些。这是实施方案。

　　不大的房子，错位的风格，实在的功能，认真去做，建成的意义也很大。

图 07-09

7.5 蹉跎与突破

作为建筑师，还是希望做几个有影响、有意义的大项目，在经历了"方案、方案、方案"和诸多小项目之后，对于一些大的重点项目的突破是一个必然。坚持是最重要的，要坚持并不断提升自己的专业信念和专业修养，还要及时对项目踏踏实实地跟进，在实践中磨炼自己。

图 07-10 JD1996 秋潍坊电视台方案

从 1994 年一直到 1997 年，历经三年多的时间，笔者在做潍坊电视台项目，一直积极跟进并始终在其中作为主要的设计者，包括从方案建模、渲染到施工图和工地的处理。这是很多前期方案图中的两张图。该项目获山东省优秀设计二等奖。

一句话，做有难度的综合项目，是成长为建筑师的突破。这个过程也必然有一些没有实现的地方，设计者也进一步体会到建筑是一项复杂的工程和一门遗憾的艺术。

图 07-10

图 07-11 JD2003 春潍坊电视台实景（右图）

图 07-11

7.6 再学解答

要善于发现、归纳、组织问题，而解答问题、表述问题，有时基本的数理方法是很重要的，这一点前面讲过。

图 07-12 JD1999 国土局剖面局部放样

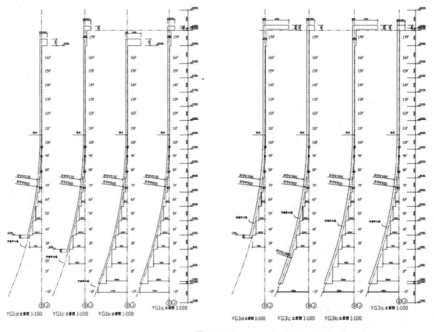

图 07-12

这个设计跟前一个设计一样，也获得山东省优秀设计二等奖。这是一个檐口剖面曲线的局部，设计时基本的数学知识还是用得上的。

一句话，建筑是艺术与技术的综合营造，伴随自己的成长，可进一步深刻体会。

图 07-13　JD1999 国土局剖面图

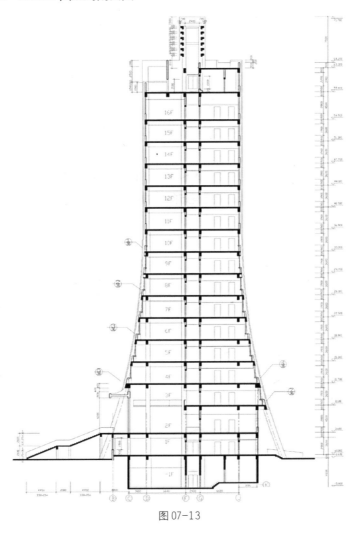

图 07-13

7.7 窘困与尴尬

学习建筑设计的过程，有时候会遇到一些很有意思的一些窘困和尴尬。体会窘困，进一步收集资料，进一步学习。

这种过程，回头去看，很有意思，也很有意义。

图 07-14 JD1996 师专大门剖面

该设计是当时为一个学校做的大门，笔者希望让它具有一定的文化建筑感，但当时没有被接受。

一句话，在自己专业成长过程中的**窘困**和尴尬，回头去看的时候既释然也有趣，而这些**蹉跎**，应该促使自己对于建筑信念进行更有方向性的思考。

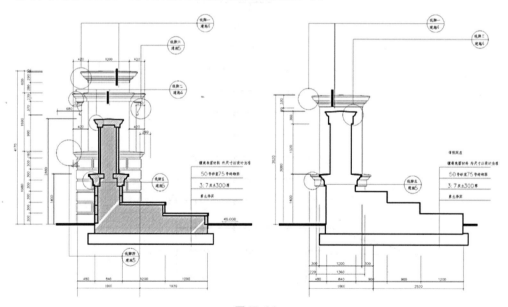

图 07-14

图 07-15 JD1996 师专大门立面

现在回头看，既觉得自己当时的一些努力被别人误解，也明白自己做的很多东西还是不地道，特别是是对自己建筑信念的反思：作为一个师范学校的大门是不是应该有一点地方的或者是传统的特点，而不是一种外来文化的特点。

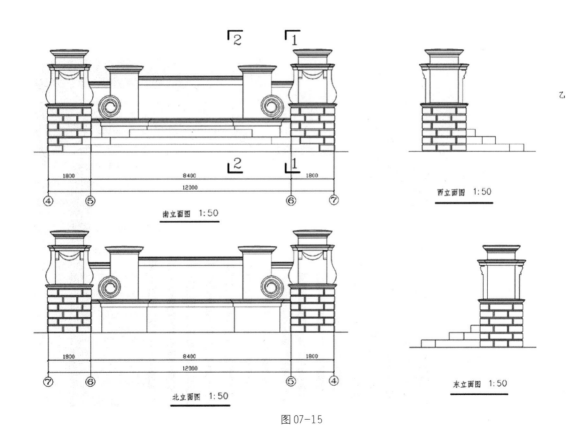

图 07-15

7.8 功能问题与形式问题

随着建筑设计实践的深入，进一步理解，功能与形式是互动的。

可以由一个功能推导出多个形式，反过来讲，也可以由多个形式归纳出一个功能的组织。

图 07-16　JD2000 大厦顶部造型 01

图 07-16

图 07-17　JD2000 大厦顶部造型 02

　　造型 01（图 07-16）有一些传统风格，而造型 02（图 07-17）有一些新的造型手法，其实两种手法都有一些西方建筑的特点，而图 07-16 是板式的空间组织，图 07-17 是塔式的功能组织。对于写字楼和宾馆来讲，两种方式其实都是可行的，而这个地段也没有特殊的限定，所以功能和形式有时候是互动的。

　　一句话，随着自己的专业成长，对功能和形式的互动会有进一步的理解。

图 07-17

7.9 清晰与心往

历经了"方案、方案、方案"，被误解或者被不理解，种种大大小小的有趣和有意义的蹉跎和曲折，历经了这样的过程之后，自己始终要坚持一点，探寻一些自己想到的东西。

手绘也好，设计工作模型也好，计算机也好，你喜欢上了其中的某一类手段，便会不断产生动手、动脑之间的互动，而且这个动手不是一个狭义的动手。

图 07-18　JD2000 华光大厦方案（右图）

当时有一个设计，是当地的高科技企业办公楼，后来这个高科技企业被外地更大的公司吞并，不复存在了，但在它辉煌的时期曾经想建一栋大楼。作者就用计算机在比较简陋的硬件条件下进行设计，通过多种途径的努力形成这个图，这个图可以说是个未完成的图，配景之类的都还没有做，但作为设计而讲，自己的思路是很清晰的。

主体建筑的平面是一个椭圆形，而在剖面上看每一层的椭圆形都是有变化的。这个变化直接辐射到外立面的带形窗组织上，就是遮阳板的位置。多层部分是公共部分，而多层部分重点是一个椎台，这个椎台是一个会议中心，这几类形体组织在一起产生了一个非常有张力的形态组合，而空间与形体对应逻辑清晰，这个是主要的设计内容。

作为表现手法和设计相结合的话，主要是进行外表皮设计和描绘。笔者在计算机运用当中学习到很多命令，但很多命令今天已经淡忘了，自己已经十多年没有再用计算机建模了，但是对主要过程记得很清楚，高层形体是通过多次布尔运算切割出来的。

设计和计算机的互动可能是一个会发生变化的问题，或者各自的分量会发生调整，但是笔者相信永远以人为主。

一句话，清晰地体会自己的迷茫，对好的建筑坚持心往。

图 07-18

8 实践与思考

在建筑设计的实践过程中，思考是很重要的，在思考中不断地做项目，有不断的追求。

8.1 住的思考

普通人的普通住宅问题是一个普遍性问题；住宅设计的逻辑性是住宅设计的根本；住宅设计竞赛把普遍的社会性问题、人的长久需求问题、大批量的技术问题三者密切结合，意义很大。以下三张图是一个住宅设计竞赛。

图 08-01　JD2002 秋小康住宅设计竞赛 01（右图）

大进深：严格控制每户面宽，有空间的凹凸和渗透变化，可以由一个居室改成多个居室。住宅单元左右对称，每两组合成一个柱网，适当加宽走廊，在走廊可以有一些交往，在走廊中对室外储存、晾衣服的格栅空间都进行了处理。

图 08-02　JD2002 秋小康住宅设计竞赛 02（第 146 页图）

停车与柱网：设计在柱网和上、下空间，以及停车问题上取得平衡。每两户开间共 7200，严格地来讲 7.2 米不是一个合理的停车模数，但停三辆小排量、小尺寸车是可以的，符合小康社会导向。建筑高度不会很高，柱子断面也不会很大。如果 6 层高，每一个单元（12 户）下面可以对应停 6 辆车，如果再采用立体停车场的方式，可以停10 辆车。

图 08-03　JD2002 秋小康住宅设计竞赛 03（第 147 页图）

剖切轴测：本图主要是一种表现方法，是为了更清楚地表达建筑的内部空间与界面组织。

一句话，做合适的竞赛是很有意义的，特别是住宅竞赛可以让我们思考更多的问题。

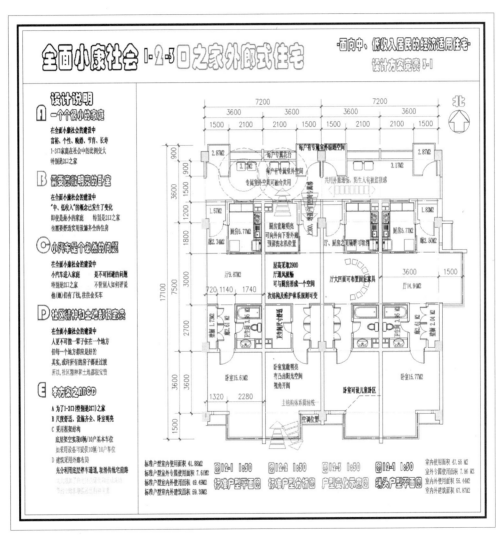

图 08-01

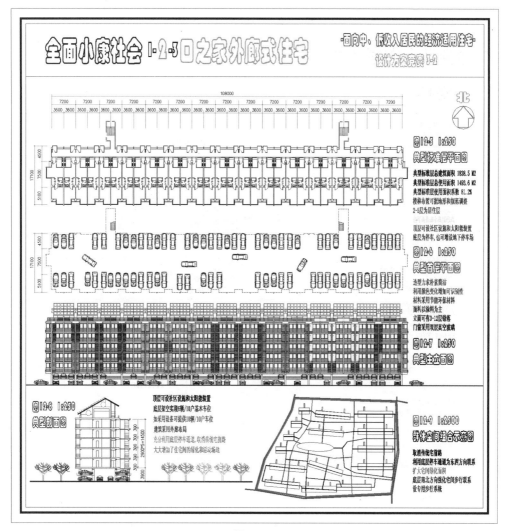

图 08-02

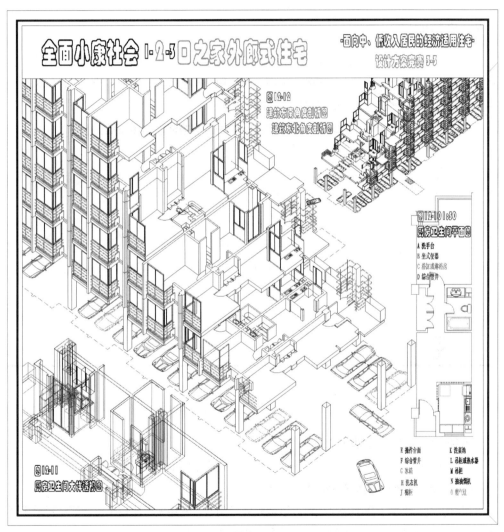

全面小康社会 1·2·3口之家外廊式住宅

·面向中、低收入居民的经济适用住宅·
设计方案竞赏 1-3

图12-12
建筑东南角度剖析图
建筑东北角度剖析图

图12-10 1:50
厨房卫生间平面图

A 洗手台
B 坐式便器
C 浴缸或淋浴房
D 综合管井

图12-11
厨房卫生间大样轴测图

E 操作台面   K 洗菜池
F 综合管井   L 吊柜或热水器
G 冰箱   M 吊柜
H 洗衣机   N 抽油烟机
J 橱柜   O 燃气灶

图 08-03

8.2　清楚明了

　　作为建筑师来讲，有一点是十分重要的，始终要自己画图或者画一部分最主要的图，当然方法可以是多种的，比如说徒手的、工作模型的和计算机的。而在很多情况下，作为一个主持建筑师，画一些清晰的 CAD 黑白图是很重要的。

　　一句话，作为一个职业建筑师，要坚持自己动手画一些清晰的黑白图。

图 08-04

图 08-04　JD2003 别墅主立面图

这是一个别墅方案设计的立面，采用填充的方式将不同的材料标示出来。

图 08-05　JD2003 别墅总平面图（右图）

　　如前讲过，小房子并不是小项目。该地段为三角地，希望做得比较丰富。笔者对总平面进行了比较详细的设计，而表现手法就是黑白图，清楚明了。

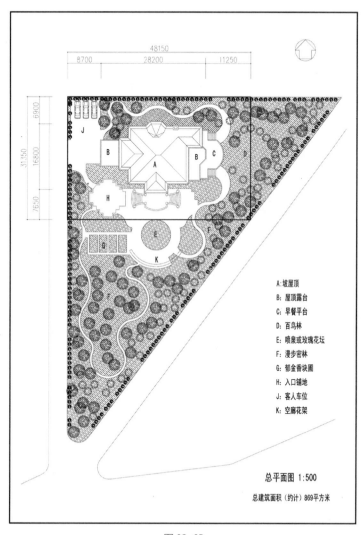

48150
8700　　28200　　11250

6900
31350　16800
7650

J

B　C

A

B　B　C

D

H

E

G

K

F

A:坡屋顶
B:屋顶露台
C:早餐平台
D:百鸟林
E:喷泉或玫瑰花坛
F:漫步密林
G:郁金香块圃
H:入口铺地
J:客人车位
K:空廊花架

总平面图 1:500

总建筑面积（约计）869平方米

图 08-05

8.3 还是小的

小的是美好的，慢的也可以是美好的，两个都可以是美好的。而作为建筑师如果有条件的话，慢慢地做一些小的设计其实是一种令人感到愉悦的事情。

图 08-06   JD2000 别墅平面 01

这个别墅设计，左，是一个思考的过程，用了浓重的铅笔黑线条，由浅及深，步步推敲；右，在推敲的基础上把思路理顺，各层平面用了清晰的黑白线条。

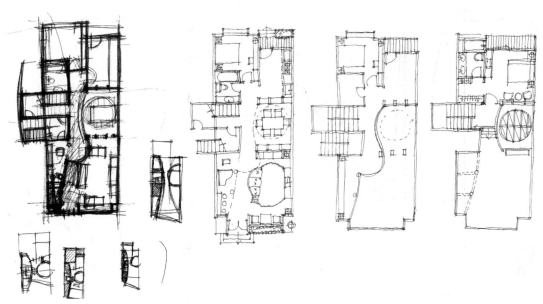

图 08-06

图 08-07　JD2000 别墅平面 02

　　左，一个意向性的空间处理，围绕着一个核心楼梯；右，是清晰的平面图，而回头来看，左图之很多想法还没有实现，似乎杂乱的线条蕴含着更多的趣味。

　　一句话，小建筑、小房子可以做出很多的趣味。

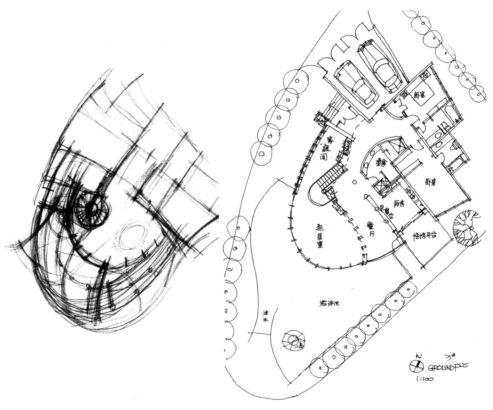

图 08-07

8.4 功能与交通

大体量的综合体与建筑群的设计，功能与交通的理性组织之重要性更突出。

图 08-08　2006 总部鸟瞰图

这是一个新的集团总部的公地址投标方案，地块比较方整，南北高差接近一层楼，北高南低，功能组织与交通组织有机结合，将两个高差结合起来布置停车场。

图 08-08

图 08-09　2006 总部车库平面图

这是地下停车场与主体建筑的结合，南边地势较低的出入口自然高出地面。

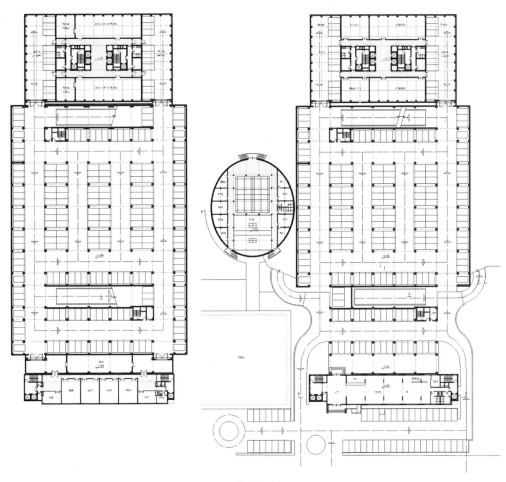

图 08-09

图 08-10　2006 总部标准层平面图

建筑标准层效率是比较高的，把建筑分区、柱网规则、井字梁结构以及剪力墙有机组合。

一句话，在大型建筑综合设计当中，空间的功能效率非常重要。

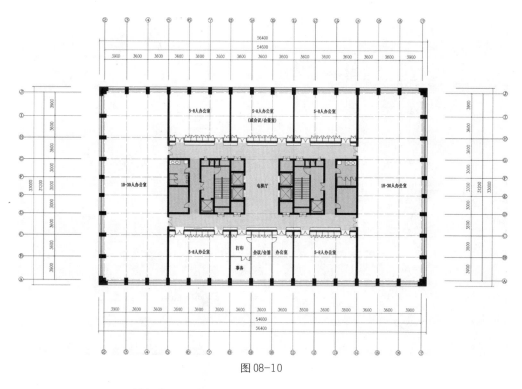

图 08-10

图 08-11　2006 总部主要层面图（右图）

主要层面场地的交通组织，设置四个转弯半径合理的环道，不仅在同一层高进行水平交通组织，还据此进行竖向交通的组织。

一句话，综合体及大体量的建筑设计，其侧重点与小房子是不一样的。

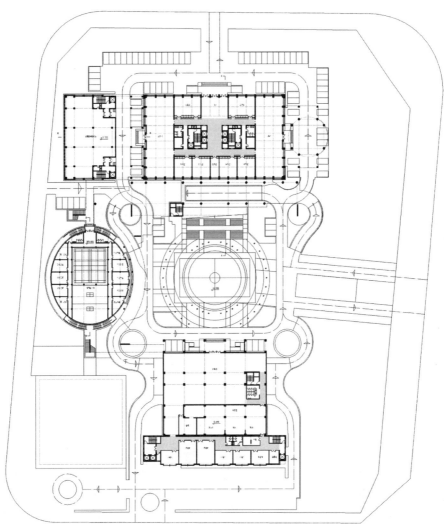

图 08-11

8.5 容器与表皮

作为建筑师，有时候可以把我们所做的房子理解为一个功能的容器，有时候其造型及表皮就像是一个内部功能的图解。而表皮既可以是建筑内部功能的有机对应，也可以为了自己的形式和自身功能而独立存在。

一句话，形式与表皮相辅相成，但各有其独立性。

图 08-12　2007 总部综合楼

这是一个总部综合楼的设计，开窗大小有变化，对应了内部的复杂功能且分别管理。

图 08-12

图 08-13　2006 **总部办公楼**

同样是总部设计，该办公楼统一管理，空间组织根据表皮设计进行调整，开窗大小一致。

图 08-13

8.6 错位与回应

前面讲过，很多情况下，不同的人对同一事物的理解是不对应的，但作为建筑师来讲，要理解这种错位，而且要有一种专业的回应。

图 08-14 JD2008 水滨别墅立面图

这是一个小别墅的设计，所谓欧式风格的应用更加熟练了，而建筑体量变得小而亲切了。

图 08-14

图 08-15 JD2008 齐鲁财府立面图（右图）

而在大体量建筑设计中，同样的所谓欧式风格，具体造型组合手法变化很大。

一句话，作为专业的建筑师来讲，无论是哪种风格，其手法的组织要跟建筑功能与体量等诸多最基本的要素相对应。

图 08-15

8.7　建筑小镇

　　当一组建筑群大大小小，存在于同一个拥挤场地的时候，功能空间挤压交通空间，以建筑的组合形成一个小镇的空间形态是可行的。

　　一句话，综合体及建筑群的组织方法多种多样，建筑小镇的方法是其中之一。

　　图 08-16　JD2004 燕郊小镇草图 01

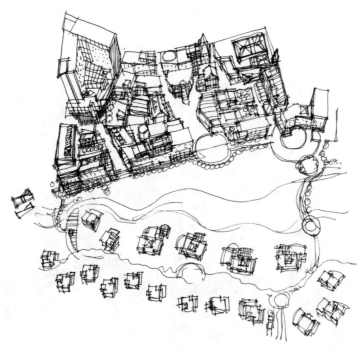

图 08-16

图 08-17　JD2004 燕郊小镇草图 02（右图）

图 08-17

8.8 城市节点

建筑设计、城市设计、景观设计三者是密不可分的，城市节点是建筑师必须要研究的问题。多年来，北方工业大学对石景山城市设计、石景山景观体系、永定河生态研究、西山空间、西山文化这些问题的综合研究一直持续，形成了非常好的课题群。

图08-18　CRD西长安街西延长线景观

该研究有几个基本理念：其一，是城市历史和城市发展的有力纽带；其二，是现有城市景观的有机组成与提升；其三，是由线形空间形态研究转向整体网络形态研究。

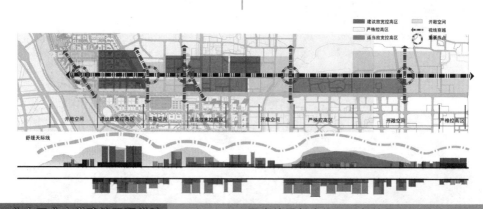

图08-18

图08-19　苹果园交通枢纽（右图）

石景山区 | 概念性城市设计研究
重点地段

总平面图

若干形体组合示意

24 米以下为主

底层商业开放空间

集中高层

建筑形体组合

苹果园地区适当放宽控高，结合底层商业形成广义开放空间节点，注重不同形态建筑的组合，应具有标志性

大体量建筑群塑造

剖面

建筑空间形态意向

多层次开放空间

雕塑、小品、地面铺装等硬件配套景观设计，以及绿化配置布局水体布局等软质景观，创造出连续、协调、亲切宜人、动静相宜的开放步行空间。垂直设计增加空间层次

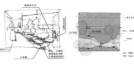

方案建议

功能分区

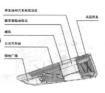

交通部分建议

设立地下停车系统。采用立体交通系统，地铁苹果园站提前一段距离停车，分别在南北两部分设立出入口，并自然的与规划的城市铁路之间转换。
南北之间通过地下通道，和空中平台连接，保持马路舒畅。
公交车系统位于地铁西侧，减短乘客换乘流线。

商业部分建议

北部建设购物商业区，沿用地边线内向布置，中心设置景观小品，也是休息场所，将商业购物人流组织为一个大块中，既优化购物环境，有利于商业的发展，又避免与主要道路发生流线交叉，保持主要道路的顺畅。

内部布置商业步行街示意

车行　底层商业　商业步行道　中心休息·景观　商业步行道　底层商业　车行

设计导则

建筑控高：适当放宽控高，大体量，形态活泼，注重不同形态建筑的组合，应具有标志性。

开放空间：该区本身为广义多层次城市开放空间体系的重要组成部分，增加绿化休闲广场，整合分解地铁集散广场和商业开放空间，发展城市积极开放空间。

景观系统：该区西北方向有山体自然景观，建立积极的城市开放空间，成为该地区的重要观赏考虑要素，东面为城市，放宽控高后的苹果园地区将成为城市入口的标志节点之一。

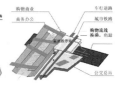

8.9 景观体系

景观体系不是单纯地指看与被看，它是城市演变、城市生活、城市未来的综合呈现。

图 08-20 石景山城市空间形态特点现状（右图）

石景山城市空间的特点：其一，依山傍水；其二，工业文明与农工文明的特色交相呼应；其三，有宝贵的发展余地与空间。该研究明确提出：第一，根据大北京空间进行发展定位，不要单纯将东边镜像过来；第二，依托西部空间资源与整个城市互补，依托城市生活确立其景观体系、城市的生活设施，特别是道路，是一个重要的研究内容，道路网络实际上就是一个多年形成的而且非常有效的景观体系；第三，做好重点建设项目的景观综合论证与研究。

图 08-21 积极提升用地综合效益示意（第 166 页图）

石景山离核心区近，而以前发展得不够快；恰是这样，其今后发展有了很大的空间，其土地的宝贵性日益彰显出来。该研究明确提出两个积极：其一，积极地提升用地综合效益；其二，确立积极的公共空间的理念，高大的部分要适度集中，将其用地直接效应提升上去，对其他地块更严格控制，形成一个大尺度的公共空间及绿化的穿插体系。

图 08-22 CRD西南片区景观建设鸟瞰图（第 167 页图）

西南片区实际上主要是首钢：其一，这是一块很宝贵的用地，其回迁安置很少；其二，有自己独特的工业文明，工业文明轴线的提出和研究实际上是一个持久的题目；其三，其未来景观形态观山滨水，高强度建设和绿色开放空间交叉辉映，穿插工业文明轴线若干节点。该研究明确提出，要积极容纳拓展城市的功能，在适度的城市人群与丰富的城市生活的基础上打造休闲之地。

一句话，城市的景观体系中，纯景观是不存在的，而应与城市生活密切结合。

石景山区 | 概念性城市设计研究

设计导引

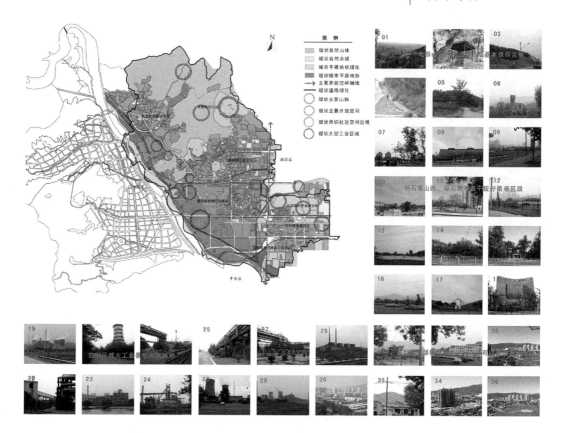

图 例
现状自然山体
现状自然水域
城市平原块状绿化
现状城市平原地形
主要开放空间轴线
现状道路绿化
现状主要山脉
现状主要开放空间
现状亲切社区空间区域
现状大型工业区域

北方工业大学建筑工程学院　　石景山区现状城市空间形态特点及部分现状照片

图 08-20

石景山区 | 概念性城市设计研究

设计导引

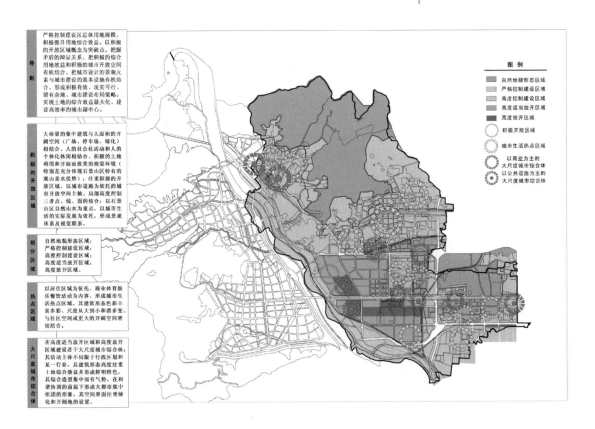

导则

严格控制建设区总体用地规模，积极提升用地综合效益。以积极的开放概念为突破点，把握矛盾的辩证关系，把积极的综合用地效益和积极的城市开放空间有机结合，把城市设计的景观元素与城市建设的基本设施有机结合，形成积极有效、现实可行、留有余地、城市建设布局策略。实现土地的综合效益最大化，建设高效率的城市副中心。

积极的开放区域

大体量的集中建筑与大面积的开阔空间（广场、停车场、绿化）相结合、人的社会化活动和人的个体化休闲相结合、积极的土地利用和开放视觉优美的视觉环境（特别是充分体现石景山区特有的观山亲水优势）；注重积极的开放区域、以城市道路为依托的城市开放空间主轴、局部高度控制三者点、线、面的结合；以石景山区自然山水为重点，以城市生活的实际发展为依托，形成景观体系及视觉联系。

划分区域

自然地貌形态区域；严格控制建设区域；高度控制建设区域；高度适当放开区域；高度放开区域。

热点区域

以居住区域为依托、商业体育娱乐餐饮活动为内容，形成城市生活热点区域、其建筑形态色彩丰富多彩、尺度从大到小和谐多变、与社区空间或更大的开阔空间密切结合。

大尺度城市综合体

在高度适当放开区域和高度放开区域建设若干大尺度城市综合体；其活动主体不局限于行政区划和某一行业，其建筑形态高度注重土地综合效益并形成鲜明特色，其综合造型集中而有气势、在和谐协调的前提下形成大都市集中组团的形象；其空间界面注重绿化和开阔地的设置。

图例

自然地貌形态区域
严格控制建设区域
高度控制建设区域
高度适当放开区域
高度放开区域

积极开放区域

城市生活热点区域

以商业为主的大尺度城市综合体

以公共设施为主的大尺度城市综合体

严格控制建设区总体用地规模，积极提升用地综合效益示意

图 08-21

北京市石景山区 CRD西南片区景观建设行动规划研究

延长线北部地区在高强度开发区和石景山之间形成低密度的开阔景象，使山体和高层形成良好的视线穿透，造成对景。

延长线南部地区在展览区和东部商务办公区之间也有相对开阔的中心绿地，使建筑在高度上造成渐变的效果。

北方工业大学建筑工程学院 CRD西南片区景观建设鸟瞰图

图08-22

9　坚持与改变

在建筑设计学习的过程中，从启蒙到入门，从入门到深入，从动手到思考，从校园到职场，需要坚持，也需要改变，改变不是否定自己的坚持，而恰恰是坚持的一种主要的方式。

9.1　讲述清晰

有时候，学习的过程就好像一个故事，而这个故事有时候是有循环的，这个循环是一个螺旋式循环的过程，有一些点是复合的，这种复合是有上下对应的，认识到这些，对自己的学习很有意义。

图 09-01　1988-2006 大同善化寺木牌楼（右图）

图 09-01 之左，这个图在本套丛中的第一本书《徒手线条表达》里面提到过，是徒手画的。当时徒手画的原因之一是为了更清楚地理解各个构件，画一遍，很有意义；还有一个原因是当时的照相机胶片不够，要珍惜照片。

图 09-01 之右，在 18 年以后，重新回去拍到的照片。徒手线条表达有它不可替代的意义，照片也有其无可替代的意义。回过头来跟当时所画进行一个对照，颜色、质感、岁月、痕迹，使笔者对于这个木构架牌楼的整个做法、整个小体系有了进一步的深刻理解。

一句话，学习好像一个故事，自己讲述，由混沌到清晰。

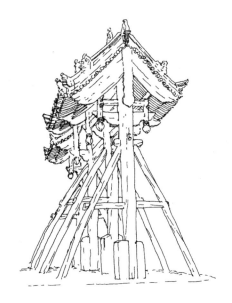

图 09-01

9.2 落实材料

近年城乡建设的蓬勃发展，给建筑设计带来了难得的机遇、严峻的挑战、繁重的任务，建筑师往往在这个过程中难以沉下心去认真思考材料的问题，而从建筑、生态、发展诸多方面出发，都应该认真对待和思考建筑营造体系与材料这个基本问题。

图 09-02　美国格栅体系木结构

北美的木构架体系经过一二百年的演变有了巨大的发展，已经从大构架受力演化为格栅体系受力，可以大量使用速生林，从而带动整个林业、建筑业和材料业的循环发展，其意义需要我们认真地学习和思考，而不是单纯认为作为森林缺乏的国家，我们不能搞木结构。

一句话，落实材料对于建筑师来讲，不是单纯地去学习各个材料的物理指数和化学指数，而应该从整个建筑营造体系上去思考我们的材料应该怎样组织。

图 09-02

图09-03 JD1992广西融水田头屯民居改建设计

这是笔者读研究生的时候，跟随单德启先生在广西融水做民居研究的图纸，当时的想法是使用水泥的材料来代替木结构，这种努力是有积极意义的，其探索精神是有意义的。

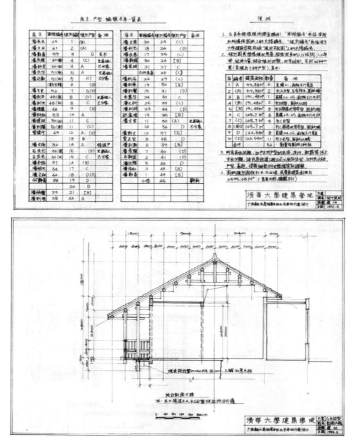

图09-03

9.3　整体营造

　　材料的问题需要用一种整体营造体系的思维去认识，而我们中国优秀的传统建筑成果，是建筑、规划、风景三者有机结合的整体营造，更不可简单地以今天的学科划分来认识。

　　图 09-04　JD1986 手绘苏州园林

　　当时笔者没有去过苏州，根据的是一张黑白照片，画成了线条表达的图纸。在这个过程中，体会到了很多的韵味，但是对于实际场景的整个营造氛围还是缺乏深刻的了解。

图 09-04

图 09-05 JD2009 拍摄苏州园林

在过了 23 年之后，再一次真实地到达苏州园林的场景中，真正体会到了"场景"两个字的含义，虽然有些东西跟当时临摹的那张黑白照片相比可能发生了变化，但依然可以深味中国传统营造特别是中国古典园林的整体运作，一石、一树、一水、一墙、一瓦、一木都是整体的有机组成，而如何从今天专业的角度把它们组织起来，又需要一个分解学习的过程。

一句话，我们传统营造的东西博大精深，是我们永远学习的源泉。

图 09-05

9.4 同源——为人服务

我们讲过建筑、规划、风景三者同源、同理、同步，其落脚点都是形态与材料的组织与设计，而其共同的目的都是为人服务。

图 09-06　JD2009 玉龙雪山观景台平面

这是笔者与丽江和墨设计院共同进行的观景台设计。其选点很有规划意义，既以其观景，同时其也是景观，它应该更好地为人服务。而为人服务有多重含义，如视觉感受、空间体验，乃至材料体验，而空间体验、材料体验需要与深层次的文化体验密切结合。

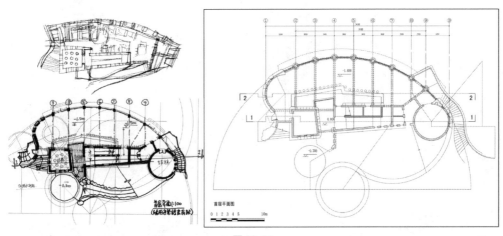

图 09-06

当这些问题归结到建筑设计，落实到材料的组织，用当地石材铺砌从地面一直延伸到屋顶，越过普通房屋的概念，创造出一个观景的室外露台。而抹灰墙、土坯墙、红色窗框，这些建筑语言，当地色彩浓郁、地域特点鲜明。

一句话，固有的形式是什么？是当地最完美、最美好的营造体系的结晶。

今天，许多传统营造材料的使用背景已经发生变化，而很多传统材料其实还有待认真研究和运用，要用今天的眼光去把它们组织起来。

图 09-07　JD2009 玉龙雪山观景台造型

土坯取之于杂土，不占耕地，加入草茎加强了它的拉结作用。从大的方面来讲是一个循环，取于土，融于地；小块量操作，易于搬运和施工，特别适合山地；其丰富的质感与肌理很有美感。其缺点是抗震拉结不够，前人也采取了一些方法，比如中间加木筋。这些都需要今天进一步地对它进行认识、优化和提升。

一句话，"土木"之建筑，建筑之"土木"，或许是建筑营造体系的永恒主题之一。

图 09-07

9.5   同理——环境和谐

　　建筑、规划和风景三者的同源是为人服务，同理是都要强调与环境的和谐，如土坯，取于土、融于地。而在规划中，重要的也是环境和谐。

图09-08   JD2010丽江竹地规划01

　　这是位于泸沽湖西北侧一个比较大的换乘中心，主导思想是为了避免游客自驾车流对景区的干扰和破坏，在场地布置上需要把大量的场地布置在客人来的位置上，规划首先着眼于大的功能划分。推进规划，场地更有机地与等高线结合在一起，停车布置分为大车和小车，同时把换乘服务中心的体量与位置突出出来。

　　左边是一个徒手线条表达图，右边是赋予色彩后的效果。

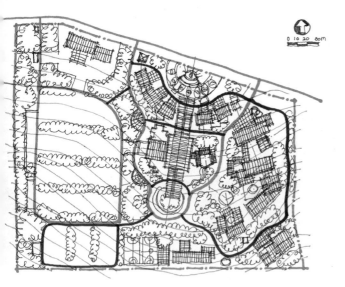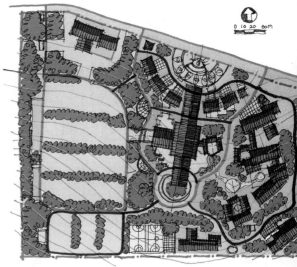

图 09-08

图 09-09　JD2010丽江竹地规划 02

整体场地中间形成一个广场，适当压缩中间行政楼的部分，把周边服务接待部分更有序地与地形结合起来，广场的处理很有地方特点。

一句话，环境和谐，把对自然环境的保护和为人服务有机结合起来。

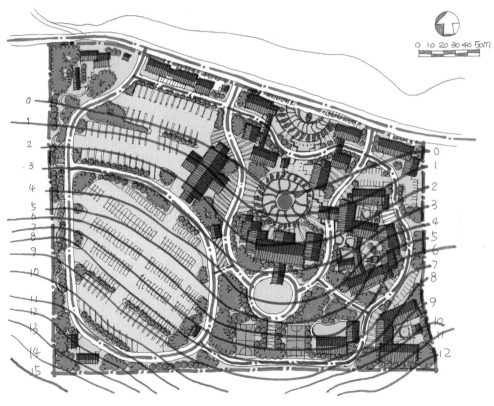

图 09-09

9.6　同步——系统协作

必须看到，在中国大多数地方缺乏最基本的基础数据，基础数据的建立实际上恰恰是我们目前要建立的基本工作，这个实际上是对于原有东西的认知，是系统协作最基本的条件。在这方面，边远地区的城乡一体规划是一个重要的内容。

图 09-10　丽江泸沽湖—永宁—拉伯城乡总体规划 01

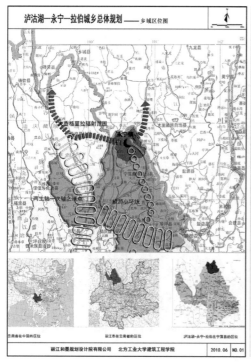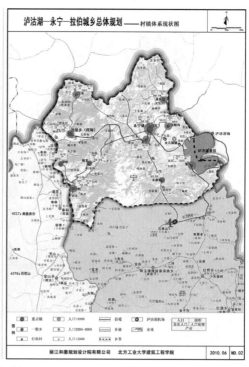

图 09-10

图 09-11　丽江泸沽湖—永宁—拉伯城乡总体规划 02

总体规划从自然区位、经济区位、发展定向上综合地来限定范围，强调了系统协作。

规划分步实施，重视保护，重视系统协作，对当地住民的生活方式进行认真研究，把严格保护与谨慎发展有机结合。该规划获 2011 年度云南省优秀城乡规划设计奖。

一句话，发展不平衡，在很多广大地区，发展水平还很低，这就更需要系统协作。

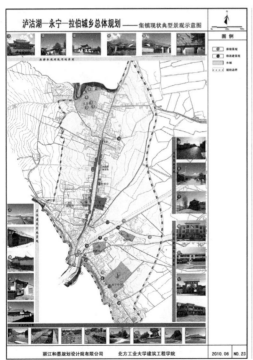
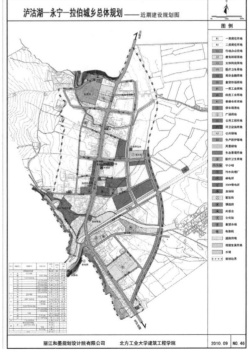

图 09-11

9.7 敬业 职业 专业

回到建筑设计本身的空间形态材料组织，敬业精神、职业道德、专业修养密不可分。

图09-12 综合办公楼设计

办公楼所处的地段很狭窄，设计在颜色、造型上赋予建筑一定的张力，使用的材料也要体现出矿业的特点，而都落实为建筑语言。

图09-12

图 09-13　**教育综合体设计**

　　教育建筑一直是我们很重要的研究内容。教育建筑设计，要兼顾教育者与被教育者的舒适性，要符合各个规范条件的规定，但仅有这些是不够的，要主动地去创造一种容纳文化科学、给予师生愉悦、深化教育内涵的空间条件。

　　对于建筑教育与教育建筑、文化与秩序的确立，笔者会有另外一本书进行阐述。

图 09-13

9.8 无边界的学习过程

学习积累越厚，越知自己的浅薄。建筑设计的学习过程，是没有边界的学习过程，要突破各个专业之间狭隘的界限。

图09-14 JD2010丽江古城纳西田园

丽江古镇里面原有的一块一块散布在小溪畔的小菜地，是纳西田园生活的宝贵遗存，也是今天生活的一个常态内容，对其认识，超过了传统建筑、规划、风景专业的范畴。抓住这一点，丽江古城水系的梳理过程变得清晰。

一句话，当我们的学习超越了一定的专业边界时，我们就会觉得思如泉涌。

图09-14

图 09-15 2010 丽江古城水系梳理分区图

对丽江古城水系重新认识梳理，把设计的区块进行有序的划分，把其特点提取出来，一部分是严格保护的，一部分是适当谨慎进行调整的，还有一部分是在保护的基础上进一步地去强化，而不是弱化它现有的自然景象，如图 09-14 所述。

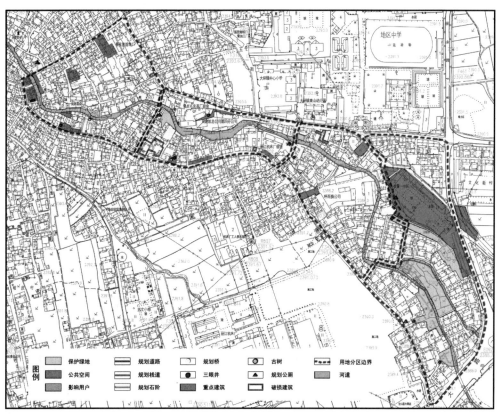

图 09-15

　　我们的工业化进程还在进行中，需要进一步理解工业文明的诸多内涵，而农耕文明也正在承受巨大的冲击，诸多变化在产生，很多东西需要保护，很多东西需要重新认识。

　　对应本书开篇的几个基本问题，建筑设计或许应该更多回到设计的本质上，把对环境、人文、生态的诸多思考，落实在对诸多建筑基本材料的重新认识上。

　　农耕文明所造就的传统营造体系及其材料体系中的优点，值得我们重新认识和应用。同时，对于作为工业文明集中体现的钢材玻璃等基本材料也应该积极应用。而对于今天日新月异的材料发展和材料组织方式，建筑师也应认真学习。

图 09-16　2010 丽江泸沽湖大门设计与当地材料

　　建筑材料及其组织方式的可调整、可分解、可循环是一个值得深入探究的课题。

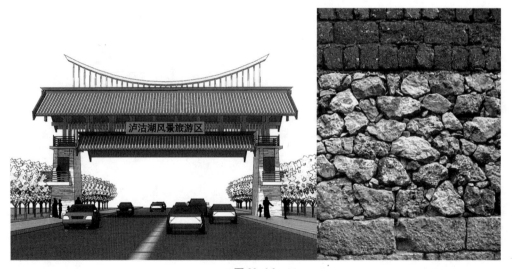

图 09-16

图 09-17　JD2010 丽江泸沽湖大门讨论信函

　　超越一定的专业边界，又回到建筑形态组织的具体手段，这时候，手绘、模型、文字的具体形式变得不那么重要了，重要的是设计的思路和实现。

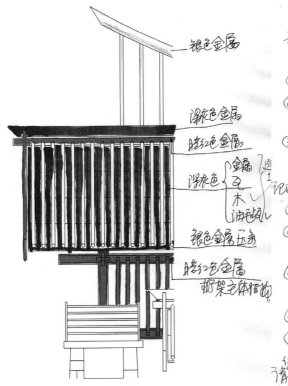

图 09-17

9.9　发散与思辨

这两张图都是笔者在大同云冈石窟的手绘和拍摄。

图 09-18　JD1988 大同云冈石窟手绘与拍摄

该图在本套丛书的第一本《徒手线条表达》里面已经用过了，而右边的句子是当时回到小客栈写的。

图 09-18

图 09-19　JD2006 拍摄大同云冈石窟（右图）

我们再看现实的照片，我们看那些生动的、扭曲的、经过适当合理变形的快乐的飞天们，在我们广义的建筑艺术里，这是辉煌的艺术成就，静观其飞扬的神态、生动的体态、大小的组织、颜色的安排，还有整个重点和辅助部分的组织，我们看到了美，也体会到了美之下艰辛的劳动，并体会到了整个营造体系的意义。

一句话，学习是一个过程，由混沌到清晰，或周而复始，无边无涯。

图 09-19

后记　学习过程之发现

写第三本书的目的和意义，要提及前面两本书。

第一本书《徒手线条表达》阐述了二维表达如何与设计互动。

第二本书《设计工作模型》阐述了三维的立体的设计学习过程。

第三本书《设计学习过程》阐述了学习过程之设计与学习过程之发现。

学习过程之发现，有三个方面：

其一，对设计学习阶段性的认识、理解和有序完成。这个过程有设计手法、方法，还有途径技法，有设计的组织，还有表达的安排，每一阶段如何掌握和调整，这个方面是基本的，每一个建筑设计者都要去认识、理解和有序完成诸多过程。

其二，在每一个过程中，在一些重点环节发现属于自己的问题，是设计学习过程中非常重要的一点。个性的发现，并不是独特的发明与创造。如何把前人阐述的和自己亲历的东西组织起来，碰撞出问题，并加以准确的专业阐述，这就是捉住了灵感，其涵义又远大于灵感本身。

其三，灵感与问题，要抓住，要贯彻下去，要落实为建筑的专业的回答、表达和实施。好的想法坚持下去很难，要学习把自己的火花灵感延续下来，还要在推进过程中不断调整，不断发现问题，不断地加以准确的、专业的阐述，并落实为建筑的专业的回答、表达与实施。

建筑设计学习就是这样一个有始无终、不断延续，甚至循环往复的过程，厚积方可薄发。

三本书的素材均来自于笔者个人自 1983 年始读清华建筑学以来的设计学习过程、设计实践过程、设计教学过程。三本书付梓之际，要感谢自己所受的教育。感谢故乡，十年的设计院工作，两年济南，八年潍坊，感谢领导、同事、家人。感谢老师同学，感谢北方工业大学。

教书耕耘，我乐融融，而一人愚见，自然浅陋，敬请大家批评指正。

感谢所有给予这套书关心和帮助的人

贾　东

2013 年（农历癸巳蛇年）春天于北方工业大学